2013版《建设工程工程量清单计价规范》
宣 贯 培 训 丛 书

工程造价管理操作实务

董 宇 编著 尹贻林 主审

中国建材工业出版社

图书在版编目（CIP）数据

工程造价管理操作实务 / 董宇编著 . —北京：中国建材工业出版社，2013.8

（2013版《建设工程工程量清单计价规范》宣贯培训丛书）

ISBN 978-7-5160-0533-0

Ⅰ．①工… Ⅱ．①董… Ⅲ．①建筑造价管理 Ⅳ．①TU723.3

中国版本图书馆 CIP 数据核字（2013）第 181028 号

工程造价管理操作实务
董　宇　编著

出版发行：中国建材工业出版社
地　　址：北京市西城区车公庄大街 6 号
邮　　编：100044
经　　销：全国各地新华书店
印　　刷：北京佳顺印务有限公司
开　　本：710 mm×1000 mm　1/16
印　　张：19.5
字　　数：213 千字
版　　次：2013 年 9 月第 1 版
印　　次：2013 年 9 月第 1 次
定　　价：56.00 元

网上书店：www.jccbs.com.cn
本书如出现印装质量问题，由我社营销部负责调换。**联系电话：(010)88386906**

前　言

2013 版《建设工程工程量清单计价规范》于 2013 年 7 月 1 日正式生效，这标志着中国工程造价事业正在向放松管制走近，并向 FIDIC 合同体系和国际惯例靠拢。2013 版《清单计价规范》充分考虑了未来建筑市场的市场化需要，制定了建筑市场秩序，让市场和公民自主选择，这是响应《国务院关于第六批取消和调整行政审批项目的决定》中"两个凡是[①]"的体现，为今后建筑市场的市场化推广做了良好的铺垫。

相较于 2008 版《清单计价规范》，2013 版《清单计价规范》和《合同示范文本》在风险分担理论中强调了调价的应用，并且从对责任的强化来反映了 2013 版《清单计价规范》对风险分担理论的重视，具体包括：

1. 加强了发包方对工程量清单准确性的管理职责；

2. 加强了发包方对评标环节的管理职责；

3. 加强了发包方对物价波动引起调价的管理职责；

4. 加强了发包方对模拟工程量清单招标的管理职责；

5. 加强了发包方对措施费调整策略的管理职责；

---

①　凡公民、法人或者其他组织能够自主决定，市场竞争机制能够有效调节，行业组织或者中介机构能够自律管理的事项，政府都要退出。凡可以采用事后监管和间接管理方式的事项，一律不设前置审批。

6. 加强了发包方对招标控制价编制的管理职责。

与此同时，2013版《清单计价规范》规定平时工程中形成已确认的并已支付的工程量和工程价款直接进入结算，否定了竣工图重算加增减账法，意味着工程造价人员应重视每一次计量与支付，并且如果发生超付，则超付风险由发包人承担。

中国建设工程造价管理协会秘书长吴佐民同志对工程造价的实质做了如下解释：工程造价实质上是以工程成本为核心的项目管理。根据这一解释，工程造价既是一个概念，又是一系列管理活动的组合。因此，我们可以重构工程造价体系，即以项目管理为着眼点，以项目全生命周期为全过程，以成本管理理论为中心，以合同为依据，形成基于项目管理的工程造价体系。而这种新型的理论体系无疑是符合国际 RICS/AACE/ICEC 等组织对工程造价的定义，也有利于工程造价事业不断发展的趋势。

2013版《清单计价规范》宣贯系列丛书是在2013版《清单计价规范》的基础上，对工程造价体系进行全方位的解读与操作实务介绍。

此外，工程价款是对工程项目中合同价格等概念及支付、调价、索赔、签证、结算等各种活动的统称，这是一个介于工程监理活动和工程造价活动的 Gap（缝隙），值得我们大力研究，我从 2008 年开始构思这一理论体系，并用了 5 年时间撰写讲稿并在工程造价咨询业界巡回演讲，进行工程造价纠纷处理等具体实务工作，这套丛书体现了上述思想，请广大同行借鉴并指正！

尹贻林　博士　教授

天津理工大学公共项目与工程造价研究所　所长

2013 年 8 月

2013版《建设工程工程量清单计价规范》宣贯培训丛书

目　录

2013版《建设工程工程量清单计价规范》宣贯培训丛书

第1章　工程造价管理概论

1.1　工程造价管理的基本概念

工程造价可以从业主及承包商的角度分别定义，因而工程造价管理也有不同的内涵。工程造价管理的过程实质上就是工程计价与控制的过程。

1.1.1　工程造价的涵义

1. 工程造价的含义

"工程造价"是工程项目造价管理的主要对象，"工程造价"中的"造价"既有"成本"的含义，也有"买价"的含义。我国工程造价管理界至今在"工程造价"定义上仍然存在许多争论。这些争论使得我们对于工程造价的理解已经从单纯的"费用"观点逐步向"价格"和"投资"观点转化，并且出现了预支相关的"工程价格（发承包价格）"和"工程投资（建设成本）"。

中国建设工程造价管理协会分别给出了工程造价两种含义。一是指完成一个建设项目投资费用的总和，二是指建筑产品价格。

（1）第一种含义。工程造价是指建设一项工程预期支付或实际支付的全部固定资产投资费用，即工程投资或建设成本。这一含义是从投资者——业主的角度来定义的。投资者在投资过程中所支付的全部费用形成了固定资产和无形资产。所有这些费用构成了工程造价。从这个意义上来说，工程造价就是工程投资费用，建设项目工程造价与建设项目投资中的固定资产投资相等。

（2）第二种含义。工程造价是指建筑产品价格，即工程造价。也就是为建成一项工程，预计或实际在土地、设备、技术劳务市场以及发承包等交易活动中所形成的建筑安装工程价格和建设工程总价格。很显然，工程价格是以社会主义商品经济和市场经济为前提的。它以工程这种特定的商品作为交易对象，在多次预估的基础上，通过招投标、发承包或其他交易方式，最终由市场形成价格。在这里，工程的范围和内涵既可以是一个涵盖范围很大的建设项目，也可以是一个单项工程，甚至可以是整个建设工程的某个阶段。

本书以工程项目管理为对象，通过全生命周期的工程造价管理，来进行说明解释。

2. 工程造价的分类及形成

建设工程概预算包括设计概算和施工图预算，两者都是确定拟建工程预期造价的文件，而在建设项目完全竣工以后，为反映项目的实际造价和投资效果，还必须编制竣工决算。除此之外，由于建设工期长、规模大、造价高，需要按建设程序分段建设。在项目建设全过程中，根据建设程序的要求和国家相关文件规定，还要编制其他有关的经济文件。按照工程建设的不同阶段，分为不同计价文件，如图 1-1 所示。

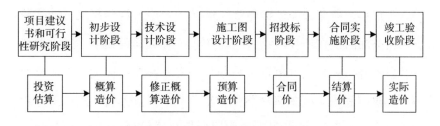

图 1-1 建设项目各阶段造价的形成

由此可见，工程造价的形成是一个由粗到细、由浅入深、由粗略到精确、多次计价后最后达到实际造价的过程。各阶段的计价过程之间是相互联系、相互补充、相互制约的关系，前者制约后者，后者补充前者。

1.1.2 工程造价管理的涵义

1. 工程造价管理的含义

与工程造价的含义对应，从业主的角度来看，工程造价管理是指建设工程投资费用的管理。建设工程投资费用的管理是指为了实现投资的预期目标，在拟定的规划、设计方案的条件下，预测、确定和监控工程造价及其变动的活动。建设工程投资费用管理属于投资管理范畴，它既涵盖了微观层次的项目投资费用管理，又涵盖了宏观层次的投资费用管理。

国家对工程造价的管理，不仅承担一般商品价格的调控职能，而且在政府投资项目上也承担着微观主体的管理职能。这种双重角色的双重管理职能，是工程造价管理的一大特色。区分不同的管理职能，进而制定不同的管理目标，采用不同的管理方法也是一种必然趋势。

工程造价管理理论是随着现代管理科学的发展而发展的，到 20 世纪 70 年代末又有新的突破。世界各国纷纷借助其他管理领域的最新发展，开始了对工程造价计价与控制更深入和全面的研究。这一时期，英国提出了"全生命周期造价管理"（Life Cycle-Cost Management，LCCM）的工程项目投资评估与造价管理的理论与方法。稍后，美国推出了"全面造价管理"（Total Cost Management，TCM）这一涉及工程项目战略资产管理、工程项目造价管理的概念和理论。从此，国际上的工程造价管理研究与实践进入了一个全新发展阶段。我国在 20 世纪 80 年代末和 90 年代初提出了全过程造价管理（Whole Process Cost Management，WPCM）的思想和观念，要求工程造价的计算与控制必须从立项就开始全过程的管理活动，从前期开始抓，直到竣工为止。

2. 工程造价管理的内容

工程造价管理是指在工程建设全过程中，全方位、多层次地运用技术、经济及法律等管理手段，解决工程建设中的造价预测、控制、监督、分析等实际问题，其目的是以尽可能少的人力、物力和财力获取最大的投资效益。

工程造价管理的基本内容就是合理确定和有效控制工程造价。

（1）工程造价的合理确定

工程造价的合理确定是指在工程建设的各个阶段，采用科学的计算方法和现行的计价依据及批准的设计方案或设计图样等文件资料，合理计算和确定投资估算价、设计概算价、施工图预算价、承包合同价、竣工结算价、竣工决算价的过程。

（2）工程造价的有效控制

工程造价的有效控制是工程建设管理的重要组成部分，它是指在优化建设方案、设计方案的基础上，在建设程序的各个阶段，采用一定的方法和措施把建设工程造价的实际发生控制在合理的范围和核定的造价限额以内的过程。并随时纠正发生的偏差，以保证项目管理目标的实现，以求在各个建设项目中能合理使用人力、物力、财力，取得较好的投资效益和社会效益。具体来说，就是用投资估算价控制设计方案的选择和初步设计概算造价；用概算造价控制技术设计和修正概算造价；用概算造价或修正概算造价控制施工图设计和预算造价。

1.2 建设项目工程造价的组成

固定资产的建设活动一般通过具体的建设项目实施。建设项目就是一项固定资产投资项目，它是指将一定量（限额以上）的投资，在一定的约束条件下（时间、资源、质量），按照一个科学的程序，经过决策（设想、建议、研究、评估、决策）和实施（勘察、设计、施工、竣工验收、使用），最终形成固定资产特定目标的一次性建设任务。

1.2.1 建设项目的组成

建设项目可分为单项工程、单位工程、分部工程和分项工程。

1. 单项工程

单项工程是指在一个建设项目中，具有独立的设计文件，竣工后可以独立发挥生产能力或效益的一组配套齐全的工程项目。单项工程是建设项目的组成部分，一个建设项目有时可以仅包括一个单项工程，也可以包括许多单项工程。生产性建设项目的单项工程，一般是指能独立生产的车间，它包括厂房建筑、设备的安装及设备、工具、器具、仪器的购置等；非生产性建设项目的单项工程，如一所学校的办公楼、教学楼、图书馆、食堂、宿舍等。单项工程的价格通过编制单项工程综合预算确定。

2. 单位工程

单位工程是指具备独立施工条件并能形成独立使用功能的建筑物及构筑物。对于建筑规模较大的单位工程，可将其能形成使用功能的部分分为一个子单位工程。

单位工程是单项工程的组成部分。按照单项工程的构成，又可将其分解为建筑工程和设备安装工程。如车间的土建工程是一个单位工程，设备安装工程又是一个单位工程，电气照明、室内给水排水、工业管道、线路铺设都是单项工程中所包含的不同性质的单位工程。

一般情况下，单位工程是进行工程成本核算的对象。单位工程产品的价格通过编制单位工程施工图预案算来确定。

3. 分部工程

分部工程是单位工程的组成部分，分部工程的划分应按专业性质、建筑部位确定。一般工业与民用建筑工程可划分为：地基与基础工程、主体结构工程、装修工程、屋面工程等分部工程。

当分部工程较大或较复杂时，可按材料种类、施工特点、施工程序等进一步分解为若干子分部工程。例如，主体结构分部工程又可细分为混凝土结构、砌体结构、木结构等子分部工程；建筑装修

2013版《建设工程工程量清单计价规范》宣贯培训丛书

分部工程又可细分为地面、抹灰、门窗等子分部工程。

4. 分项工程

分项工程是按照不同施工方法、不同材料、不同的规格等内容对分部工程再进一步划分。如钢筋工程、模板工程、混凝土工程、砌砖工程、木门窗制作工程等。

一个建设项目通常是由一个或几个单项工程组成的，一个单项工程是由几个单位工程组成的，而一个单位工程又是由若干个分部工程组成的，一个分部工程可按照选用的施工方法、使用的材料、结构构件规格的不同等因素划分为若干个分项工程。

1.2.2 工程造价的组成

工程造价是按照确定的建设内容、建设规模、建设标准、功能要求和使用要求等将工程项目全部建成并验收合格交付使用所需的全部费用。根据国家发改委和住房和城乡建设部审定发行的《建设项目经济评价方法与参数（第三版）》（发改投资〔2006〕1325 号）的规定，工程造价中的主要构成部分是建设投资，包括工程费用、工程建设其他费用和预备费三部分。工程费用是指直接构成固定资产实体的各种费用，可以分为建筑安装工程费和设备及工器具购置费；工程建设其他费用是指根据国家有关规定应在投资中支付，并列入建设项目总造价或单项工程造价的费用。预备费是为了保证工程项目的顺利实施，避免在难以预料的情况下造成投资不足而预先安排的一笔费用。我国现行工程造价的构成内容主要为工程费用、工程建设其他费用、预备费、建设期利息及固定资产投资方向调节税（目前已暂停征收）等几项，其中前三项构成建设投资，是工程造价的主要构成部分。现对上述各部分费用的具体构成进行描述。

1.2.2.1 工程费用

建设项目的工程费用主要包括设备及工器具购置费与建筑安装工程费。

1. 设备及工器具购置费

设备及工器具购置费由设备购置费和工具、器具及生产家具购置费组成的，它是固定资产投资中的一部分。在生产性工程建设中，设备及工、器具购置费用占工程造价比重的增大，意味着生产技术的进步和资本有机构成的提高。

（1）设备购置费的构成

设备购置费是指为建设项目购置或自制的达到固定资产标准的各种国产或进口设备、工具、器具的购置费用。它由设备原价和设备运杂费构成。

设备购置费＝设备原价＋设备运杂费

上式中，设备原价指国产设备或进口设备的原价；设备运杂费指除设备原价之外的关于设备采购、运输、途中包装及仓库保管等方面支出费用的总和。

①设备原价的构成内容

设备原价的构成内容因国产设备或进口设备而有所不同，其中，国产设备原价一般指的是设备制造厂的交货价或订货合同价。它一般根据生产厂或供应商的询价、报价、合同价确定，或采用一定的方法计算确定。国产设备原价分为国产标准设备原价和国产非标准设备原价。进口设备的原价是指进口设备的抵岸价，通常是由进口设备到岸价（CIF）和进口从属费构成。进口设备的到岸价，即抵达

2013版《建设工程工程量清单计价规范》宣贯培训丛书

买方边境港口或边境车站的价格。在国际贸易中，交易双方所使用的交货类别不同，则交易价格的构成内容也有所差异。

上述不同设备的原价构成内容对比见表 1-1。

表 1-1　　　　　　　　设备原价构成内容对比表

设备类型		设备原价构成说明
国产设备	标准设备	国产标准设备原价有两种，即带有备件的原价和不带有备件的原价。在计算时，一般采用带有备件的原价。国产标准设备一般有完善的设备交易市场，因此可通过查询相关交易市场价格或向设备生产厂家询价得到国产标准设备原价。
	非标准设备	非标准设备由于单件生产、无定型标准。所以，无法获取市场交易价格，只能按其成本构成或相关技术参数估算其价格。按成本计算估价法，非标准设备的原价由以下各项组成：(1) 材料费；(2) 加工费；(3) 辅助材料费（简称辅材费）；(4) 专用工具费；(5) 废品损失费；(6) 外购配套件费；(7) 包装费；(8) 利润；(9) 税金；(10) 非标准设备设计费。
进口设备		进口设备的原价是指进口设备的抵岸价，通常是由进口设备到岸价（CIF）和进口从属费构成。其中，CIF 通常由：(1) 货价；(2) 国际运费；(3) 运输保险费等组成；而进口从属费则包括(1) 银行财务费；(2) 外贸手续费；(3) 关税；(4) 消费税；(5) 进口环节增值税；(6) 车辆购置税等具体费用内容。

②设备运杂费的费用内容

设备运杂费通常由下列各项构成：

a. 运费和装卸费。国产设备由设备制造厂交货地点起至工地仓库（或施工组织设计指定的需要安装设备的堆放地点）止所发生的运费和装卸费；进口设备则由我国到岸港口或边境车站起至工地仓库（或施工组织设计指定的需安装设备的堆放地点）止所发生的运费和装卸费。

b. 包装费。在设备原价中没有包含的，为运输而进行的包装支出的各种费用。

c. 设备供销部门的手续费。按有关部门规定的统一费率计算。

d. 采购与仓库保管费。指采购、验收、保管和收发设备所发生的各种费用，包括设备采购人员、保管人员和管理人员的工资、工资附加费、办公费、差旅交通费，设备供应部门办公和仓库所占固定资产使用费、工具用具使用费、劳动保护费、检验试验费等。这些费用可按主管部门规定的采购与保管费费率计算。

（2）工具、器具及生产家具购置费的构成

工具、器具及生产家具购置费，是指新建或扩建项目初步设计规定的，保证初期正常生产必须购置的没有达到固定资产标准的设备、仪器、工卡模具、器具、生产家具和备品备件等的购置费用。一般以设备购置费为计算基数，按照部门或行业规定的工具、器具及生产家具费率计算。

2. 建筑安装工程费

1）按构成要素划分的建筑安装工程费

根据住房和城乡建设部颁布的《建筑安装工程费用项目组成》（建标〔2013〕44 号），我国现行建筑安装工程费用项目按照费用构成要素划分，由人工费、材料（包括工程设备）费、施工机具使用费、企业管理费、利润、规费和税金组成。其中人工费、材料费、施工机具使用费、企业管理费和利润含在分部分项工程费、措施项目费、其他项目费中。

①人工费

人工费：是指按工资总额构成规定，支付给从事建筑安装工程施工的生产工人和附属生产单位工人的各项费用。内容包括：

a. 计时工资或计件工资：是指按计时工资标准和工作时间或对已做工作按计件单价支付给个人的劳动报酬。

b. 奖金：是指对超额劳动和增收节支支付给个人的劳动报酬。如节约奖、劳动竞赛奖等。

c. 津贴补贴：是指为了补偿职工特殊或额外的劳动消耗和因其他特殊原因支付给个人的津贴，以及为了保证职工工资水平不受物价影响支付给个人的物价补贴。如流动施工津贴、特殊地区施工津贴、高温（寒）作业临时津贴、高空津贴等。

d. 加班加点工资：是指按规定支付的在法定节假日工作的加班工资和在法定日工作时间外延时工作的加点工资。

e. 特殊情况下支付的工资：是指根据国家法律、法规和政策规定，因病、工伤、产假、计划生育假、婚丧假、事假、探亲假、定期休假、停工学习、执行国家或社会义务等原因按计时工资标准或计件工资标准的一定比例支付的工资。

②材料费

材料费：是指施工过程中耗费的原材料、辅助材料、构配件、零件、半成品或成品、工程设备的费用。内容包括：

a. 材料原价：是指材料、工程设备的出厂价格或商家供应价格。

b. 运杂费：是指材料、工程设备自来源地运至工地仓库或指定堆放地点所发生的全部费用。

c. 运输损耗费：是指材料在运输装卸过程中不可避免的损耗。

d. 采购及保管费：是指为组织采购、供应和保管材料、工程设备的过程中所需要的各项费用。包括采购费、仓储费、工地保管费、仓储损耗。

工程设备是指构成或计划构成永久工程一部分的机电设备、金属结构设备、仪器装置及其他类似的设备和装置。

③施工机具使用费

施工机具使用费：是指施工作业所发生的施工机械、仪器仪表使用费或其租赁费。

a. 施工机械使用费：以施工机械台班耗用量乘以施工机械台班单价表示，施工机械台班单价应由下列七项费用组成：

折旧费：指施工机械在规定的使用年限内，陆续收回其原值的费用。

大修理费：指施工机械按规定的大修理间隔台班进行必要的大修理，以恢复其正常功能所需的费用。

经常修理费：指施工机械除大修理以外的各级保养和临时故障排除所需的费用。包括为保障机械正常运转所需替换设备与随机配备工具附具的摊销和维护费用，机械运转中日常保养所需润滑与擦拭的材料费用及机械停滞期间的维护和保养费用等。

安拆费及场外运费：安拆费指施工机械（大型机械除外）在现场进行安装与拆卸所需的人工、材料、机械和试运转费用以及机械辅助设施的折旧、搭设、拆除等费用；场外运费指施工机械整体或分体自停放地点运至施工现场或由一施工地点运至另一施工地点的运输、装卸、辅助材料及架线等费用。

人工费：指机上司机（司炉）和其他操作人员的人工费。

燃料动力费：指施工机械在运转作业中所消耗的各种燃料及水、电等。

税费：指施工机械按照国家规定应缴纳的车船使用税、保险费及年检费等。

b. 仪器仪表使用费：是指工程施工所需使用的仪器仪表的摊销及维修费用。

④企业管理费

企业管理费：是指建筑安装企业组织施工生产和经营管理所需的费用。内容包括：

a. 管理人员工资：是指按规定支付给管理人员的计时工资、奖金、津贴补贴、加班加点工资及特殊情况下支付的工资等。

b. 办公费：是指企业管理办公用的文具、纸张、账表、印刷、邮电、书报、办公软件、现场监控、会议、水电、烧水和集体取暖降温（包括现场临时宿舍取暖降温）等费用。

c. 差旅交通费：是指职工因公出差、调动工作的差旅费、住勤补助费，市内交通费和误餐补助费，职工探亲路费，劳动力招募费，职工退休、退职一次性路费，工伤人员就医路费，工地转移费以及管理部门使用的交通工具的油料、燃料等费用。

d. 固定资产使用费：是指管理和试验部门及附属生产单位使用的属于固定资产的房屋、设备、仪器等的折旧、大修、维修或租赁费。

e. 工具用具使用费：是指企业施工生产和管理使用的不属于固定资产的工具、器具、家具、交通工具和检验、试验、测绘、消防用具等的购置、维修和摊销费。

f. 劳动保险和职工福利费：是指由企业支付的职工退职金、按规定支付给离休干部的经费，集体福利费、夏季防暑降温、冬季取暖补贴、上下班交通补贴等。

g. 劳动保护费：是企业按规定发放的劳动保护用品的支出。如工作服、手套、防暑降温饮料以及在有碍身体健康的环境中施工的保健费用等。

h. 检验试验费：是指施工企业按照有关标准规定，对建筑以及材料、构件和建筑安装物进行一般鉴定、检查所发生的费用，包括自设试验室进行试验所耗用的材料等费用。不包括新结构、新材料的试验费，对构件做破坏性试验及其他特殊要求检验试验的费用和建设单位委托检测机构进行检测的费用，对此类检测发生的费用，由建设单位在工程建设其他费用中列支。但对施工企业提供的具有合格证明的材料进行检测不合格的，该检测费用由施工企业支付。

i. 工会经费：是指企业按《工会法》规定的全部职工工资总额比例计提的工会经费。

j. 职工教育经费：是指按职工工资总额的规定比例计提，企业为职工进行专业技术和职业技能培训，专业技术人员继续教育、职工职业技能鉴定、职业资格认定以及根据需要对职工进行各类文化教育所发生的费用。

k. 财产保险费：是指施工管理用财产、车辆等的保险费用。

l. 财务费：是指企业为施工生产筹集资金或提供预付款担保、履约担保、职工工资支付担保等所发生的各种费用。

m. 税金：是指企业按规定缴纳的房产税、车船使用税、土地使用税、印花税等。

n. 其他：包括技术转让费、技术开发费、投标费、业务招待费、绿化费、广告费、公证费、法律顾问费、审计费、咨询费、保险费等。

⑤利润

利润：是指施工企业完成所承包工程获得的盈利。

⑥规费

规费：是指按国家法律、法规规定，由省级政府和省级有关权力部门规定必须缴纳或计取的费用。包括：

a. 社会保险费

养老保险费：是指企业按照规定标准为职工缴纳的基本养老保险费。

失业保险费：是指企业按照规定标准为职工缴纳的失业保险费。

医疗保险费：是指企业按照规定标准为职工缴纳的基本医疗保险费。

生育保险费：是指企业按照规定标准为职工缴纳的生育保险费。

工伤保险费：是指企业按照规定标准为职工缴纳的工伤保险费。

b. 住房公积金：是指企业按规定标准为职工缴纳的住房公积金。

c. 工程排污费：是指按规定缴纳的施工现场工程排污费。

其他应列而未列入的规费，按实际发生计取。

⑦税金

税金：是指国家税法规定的应计入建筑安装工程造价内的营业税、城市维护建设税、教育费附加以及地方教育附加。

2）按工程造价形成划分的建筑安装工程费

根据住房和城乡建设部颁布的《建筑安装工程费用项目组成》，

我国现行建筑安装工程费用项目按照工程造价形成划分，由分部分项工程费、措施项目费、其他项目费、规费、税金组成，其他项目费包含人工费、材料费、施工机具使用费、企业管理费和利润。

（1）分部分项工程费

是指各专业工程的分部分项工程应予列支的各项费用。

①专业工程：是指按现行国家计量规范划分的房屋建筑与装饰工程、仿古建筑工程、通用安装工程、市政工程、园林绿化工程、矿山工程、构筑物工程、城市轨道交通工程、爆破工程等各类工程。

②分部分项工程：指按现行国家计量规范对各专业工程划分的项目。如房屋建筑与装饰工程划分的土石方工程、地基处理与桩基工程、砌筑工程、钢筋及钢筋混凝土工程等。

各类专业工程的分部分项工程划分见现行国家或行业计量规范。

（2）措施项目费

是指为完成建设工程施工，发生于该工程施工前和施工过程中的技术、生活、安全、环境保护等方面的费用。内容包括：

①安全文明施工费

a. 环境保护费：是指施工现场为达到环保部门要求所需要的各项费用。

b. 文明施工费：是指施工现场文明施工所需要的各项费用。

c. 安全施工费：是指施工现场安全施工所需要的各项费用。

d. 临时设施费：是指施工企业为进行建设工程施工所必须搭设的生活和生产用的临时建筑物、构筑物和其他临时设施费用。包括临时设施的搭设、维修、拆除、清理费或摊销费等。

②夜间施工增加费：是指因夜间施工所发生的夜班补助费、夜间施工降效、夜间施工照明设备摊销及照明用电等费用。

③二次搬运费：是指因施工场地条件限制而发生的材料、构配件、半成品等一次运输不能到达堆放地点，必须进行二次或多次搬运所发生的费用。

④冬雨季施工增加费：是指在冬季或雨季施工需增加的临时设施、防滑、排除雨雪，人工及施工机械效率降低等费用。

⑤已完工程及设备保护费：是指竣工验收前，对已完工程及设备采取的必要保护措施所发生的费用。

⑥工程定位复测费：是指工程施工过程中进行全部施工测量放线和复测工作的费用。

⑦特殊地区施工增加费：是指工程在沙漠或其边缘地区、高海拔、高寒、原始森林等特殊地区施工增加的费用。

⑧大型机械设备进出场及安拆费：是指机械整体或分体自停放场地运至施工现场或由一个施工地点运至另一个施工地点，所发生的机械进出场运输及转移费用及机械在施工现场进行安装、拆卸所需的人工费、材料费、机械费、试运转费和安装所需的辅助设施的费用。

⑨脚手架工程费：是指施工需要的各种脚手架搭、拆、运输费用以及脚手架购置费的摊销（或租赁）费用。

措施项目及其包含的内容详见各类专业工程的现行国家或行业计量规范。

（3）其他项目费

①暂列金额：是指建设单位在工程量清单中暂定并包括在工程

合同价款中的一笔款项。用于施工合同签订时尚未确定或者不可预见的所需材料、工程设备、服务的采购，施工中可能发生的工程变更、合同约定调整因素出现时的工程价款调整以及发生的索赔、现场签证确认等的费用。

②计日工：是指在施工过程中，施工企业完成建设单位提出的施工图纸以外的零星项目或工作所需的费用。

③总承包服务费：是指总承包人为配合、协调建设单位进行的专业工程发包，对建设单位自行采购的材料、工程设备等进行保管以及施工现场管理、竣工资料汇总整理等服务所需的费用。

1.2.2.2 工程建设其他费

工程建设其他费用是指应在建设项目的建设投资中开支的固定资产其他费用、无形资产费用和其他资产费用，其目的是为了保证工程建设顺利完成和交付使用后能够正常发挥效用。

1. 固定资产其他费用

固定资产其他费用是固定资产费用的一部分。固定资产费用系指项目投产时将直接形成固定资产的建设投资，包括工程费用以及在工程建设其他费用中按规定将形成固定资产的费用，后者被称为固定资产其他费用。固定资产其他费用的构成内容见表1-2。

表1-2　　　　　建设项目固定资产其他费用的构成

序号	固定资产其他费用构成	费用说明
1	建设管理费	建设管理费是指建设单位从项目筹建开始直至工程竣工验收合格或交付使用为止发生的项目建设管理费用，包含建设单位管理费、工程监理费以及工程总承包管理费

续表

序号	固定资产其他费用构成	费用说明
2	建设用地费	为获得建设用地而支付的费用，包括土地征用及迁移补偿费、土地使用权出让金
3	可行性研究费	指在建设项目前期工作中，编制和评估项目建议书（或预可行性研究报告）、可行性研究报告所需的费用
4	研究试验费	指为建设项目提供和验证设计参数、数据、资料等所进行的必要的试验费用以及设计规定在施工中必须进行试验、验证所需费用
5	勘察设计费	指委托勘察设计单位进行工程水文地质勘察、工程设计所发生的各项费用，包括工程勘察费、初步设计费（基础设计费）、施工图设计费（详细设计费）、设计模型制作费等
6	环境影响评价费	为全面、详细评价本建设项目对环境可能产生的污染或造成的重大影响所需的费用
7	劳动安全卫生评价费	为预测和分析建设项目存在的职业危险、危害因素的种类和危险危害程度，并提出先进、科学、合理可行的劳动安全卫生技术和管理对策所需的费用
8	场地准备及临时设施费	包括建设项目场地准备费、建设单位临时设施费，不包括已列入建筑安装工程费用中的施工单位临时设施费用
9	引进技术和引进设备其他费	引进项目图纸资料翻译复制费、备品备件测绘费；出国人员费用；来华人员费用；银行担保及承诺费
10	工程保险费	指建设项目在建设期间根据需要对建筑工程、安装工程、机器设备和人身安全进行投保而发生的保险费用，包括建筑安装工程一切险、引进设备财产保险和人身意外伤害险等
11	联合试运转费	指新建项目或新增加生产能力的工程，在交付生产前按照批准的设计文件所规定的工程质量标准和技术要求，进行整个生产线或装置的负荷联合试运转或局部联动试车所发生的费用净支出（试运转支出大于收入的差额部分费用）

续表

序号	固定资产其他费用构成	费用说明
12	特殊设备监督检验费	指在施工现场组装的锅炉及压力容器、压力管道、消防设备、燃气设备、电梯等特殊设备和设施，由安全监察部门按照有关安全监察条例和实施细则以及设计技术要求进行安全检验，应由建设项目支付的、向安全监察部门缴纳的费用
13	市政公用设施费	指使用市政公用设施的建设项目，按照项目所在地省一级人民政府有关规定建设或缴纳的市政公用设施建设配套费用，以及绿化工程补偿费用

2. 无形资产费用

无形资产费用系指直接形成无形资产的建设投资，主要是指专利及专有技术使用费。其主要内容包括：

（1）国外设计及技术资料费、引进有效专利、专有技术使用费和技术保密费。

（2）国内有效专利、专有技术使用费用。

（3）商标权、商誉和特许经营权费等。

3. 其他资产费用

其他资产费用系指建设投资中除形成固定资产和无形资产以外的部分，主要包括生产准备及开办费等。生产准备及开办费用是指建设项目为保证正常生产（或营业、使用）而发生的人员培训费、提前进厂费以及投产使用必备的生产办公、生活家具用具及工器具等购置费用。其主要内容包括：

（1）人员培训费及提前进厂费。包括自行组织培训或委托其他单位培训的人员工资、工资性补贴、职工福利费、差旅交通费、劳动保护费、学习资料费等。

（2）为保证初期正常生产（或营业、使用）所必需的生产办公、生活家具用具购置费。

（3）为保证初期正常生产（或营业、使用）必需的第一套不够固定资产标准的生产工具、器具、用具购置费。不包括备品备件费。

1.2.2.3 预备费、建设期利息及固定资产投资方向调节税金

1. 预备费

按我国现行规定，预备费包括基本预备费和涨价预备费。

（1）基本预备费的内容

基本预备费是指针对在项目实施过程中可能发生难以预料的支出，需要事先预留的费用，又称工程建设不可预见费，主要指设计变更及施工过程中可能增加工程量的费用，基本预备费一般由以下三部分构成：

①在批准的初步设计范围内，技术设计、施工图设计及施工过程中所增加的工程费用；设计变更、工程变更、材料代用、局部地基处理等增加的费用。

②一般自然灾害造成的损失和预防自然灾害所采取的措施费用。实行工程保险的工程项目，该费用应适当降低。

③竣工验收时为鉴定工程质量对隐蔽工程进行必要的挖掘和修复费用。

（2）涨价预备费的内容

涨价预备费是指针对建设项目在建设期间内由于材料、人工、设备等价格可能发生变化引起工程造价变化，而事先预留的费用，亦称为价格变动不可预见费。涨价预备费的内容包括：人工、设备、

材料、施工机械的价差费，建筑安装工程费及工程建设其他费用调整，利率、汇率调整等增加的费用。

2. 建设期利息

建设期利息包括向国内银行和其他非银行金融机构贷款、出口信贷、外国政府贷款、国际商业银行贷款以及在境内外发行的债券等在建设期间应计的借款利息。

国外贷款利息的计算中，还应包括国外贷款银行根据贷款协议向贷款方以年利率的方式收取的手续费、管理费、承诺费；以及国内代理机构经国家主管部门批准的以年利率的方式向贷款单位收取的转贷费、担保费、管理费等。

3. 固定资产投资方向调节税

由于固定资产投资方向调节税现已停征，在此不介绍。

1.3 建设项目的基本程序

工程项目的建设程序是指建设项目从策划、评估、决策、设计、施工到竣工验收和后评价的全过程中，各项工作必须遵循的先后顺序。它是工程建设过程的客观规律的反映，是建设项目科学决策和顺利进行的重要保证。按照建设项目发展的内在联系和发展过程，每一个建设项目都要经过投资决策和建设实施两个时期，这两个时期又可分为有严格先后次序的若干阶段。

我国对建设程序的划分还没有统一的标准，但一般分为决策阶段、设计阶段、建设实施阶段和竣工验收阶段，生产性项目还有后评价阶段。

1. 决策阶段

决策阶段又称建设前期工作阶段，主要包括可行性研究报告和投资估算两项工作内容。

（1）可行性研究报告

可行性研究是指在项目建议书被批准后，对项目在技术上和经济上是否可行所进行的科学分析和论证。可行性研究是一个由粗到细的分析研究过程，可以分为初步可行性研究和详细可行性研究两个阶段。可行性研究工作完成后，需要编写反映其全部工作成果的"可行性研究报告"。一般包括：①建设项目提出的背景和依据；②市场需求情况和拟建规模；③资源、原材料、燃料及协作情况；④厂址方案和建厂条件；⑤方案优化选择；⑥环境保护；⑦生产组织、劳动定员；⑧投资估算和资金筹措；⑨产品成本估算；⑩经济效益评价和结论。

（2）投资估算

投资估算是项目决策的重要依据，投资估算的准确性不仅影响可行性研究工作的质量和经济评价结果，还直接关系到下一阶段设计概算和施工图预算的编制。因此，应准确全面地对建设项目总投资进行投资估算。

2. 设计阶段

可行性报告批准后，即进行建设产地的选择。在综合研究过程的、水文地质等自然条件，建设工程所需水、电、运输条件和项目建成投产后原材料、燃料以及生产和工作人员生活条件、生产环境等因素，并进行多方案比选后，提交选地报告，落实建设地点。

通过设计招标或设计方案选择设计单位后，即开始设计阶段工

2013版《建设工程工程量清单计价规范》宣贯培训丛书

作，按可行性研究报告中的有关要求，编制设计文件。根据建设项目的不同情况，一般进行两阶段设计，即初步设计和施工图设计。对于大型复杂项目，技术上比较复杂而又缺乏设计经验的项目，可进行三阶段设计，即初步设计、技术设计（扩大初步设计）和施工图设计。

还需要进行设计方案必选，选择最优方案进行实施，并做好设计概算。

3. 招标投标阶段

建设项目招标投标阶段对施工阶段的合同实施和造价风险控制直接产生重要影响，招标投标阶段的主要工作内容为：编制招标控制价、编制投标报价、形成签约合同价。

4. 施工阶段

施工阶段是实现建设工程价值的主要阶段，也是资金投入量最大的阶段。在施工阶段，由于施工组织设计、工程变更、索赔、工程计量方式的差别以及工程实施过程中各种不可预见因素的存在，使得施工阶段的造价管理难度加大。

在施工阶段，建设单位应通过编制资金使用计划、及时进行工程计量与结算、预防并处理好工程变更与索赔，有效控制工程造价。施工承包单位也应做好成本计划及动态监控等工作，综合考虑建造成本、工期成本、质量成本、安全成本、环境保护成本等全要素，有效控制施工成本。

第 2 章　建设项目决策阶段的
工程造价管理

2.1　概　　述

决策阶段是项目建设全过程的起始阶段，决策阶段的工程计价对项目全过程的造价管理起着宏观控制的作用。决策阶段的主要工作是对拟建项目的必要性和可行性进行技术经济论证，主要体现在投资估算的编制和审核中；以及选择和决定投资行动方案，对不同建设方案进行技术经济比较并做出判断和决定的过程，主要体现在财务评价中。

2.1.1　决策阶段对工程造价管理的影响

1. 项目决策的正确性是工程造价合理性的前提

项目决策正确，意味着对项目建设做出科学的决断，选择最合理的投资方案，达到资源的合理配置。这样才能比较准确地估算出工程造价，并且在投资方案实施过程中，有效地控制工程造价。项目决策失误，会直接带来不必要的资金投入和人力、物力和财力的浪费，由于建设项目的不可逆转性，甚至会造成不可挽回的损失。因此，要达到工程造价的合理性，事先要保证项目决策的正确性，避免决策失误。

2. 项目决策的内容是决定工程造价的基础

工程造价管理贯穿于项目建设全过程，但决策阶段各项技术经济决策，对该项目的工程造价有重大影响，特别是建设规模的确定、建设地点的、工艺的评选、设备选用等，直接关系到工程造价的高低。据有关资料统计，在项目建设各大阶段中，投资决策阶段影响工程造价的程度最高，可达到 80%～90%。因此，决策阶段项目决策的内容是决定工程造价的基础，直接影响着决策阶段之后的各个建设阶段工程造价的管理是否科学。

3. 项目决策的深度影响投资估算的精确度，也影响工程造价的管理效果

只有提升项目决策阶段的深度，采用科学的估算方法和可靠的数据资料，提高投资估算的精度，打足投资，才能保证其他阶段的造价被控制在合理范围，实现投资控制的目标。

2.1.2 决策阶段的工作目标

项目工程造价的多少主要取决于项目的建设标准。制定建设标准的目的在于建立工程项目的建设活动秩序，适应社会主义市场经济体制要求，加强固定资产投资与建设宏观调控，指导建设项目科学决策和管理，合理确定项目建设水平、充分利用资源，推动技术进步，不断提高投资效益。因此，在项目决策阶段，要做好充分的可行性研究，合理编制项目建议书。

2013版《建设工程工程量清单计价规范》宣贯培训丛书

建设标准能否起到控制工程造价、指导建设投资的作用，关键在于标准水平制定得合理与否。标准水平过高，会脱离我国的实际情况和财力、物力的承受能力，增加造价；标准水平制定得过低将会妨碍技术进步。因此，以合理的标准，编制投资估算，以保证投资估算的准确性合理性。

2.1.3 决策阶段的工作重点

决策阶段的工作重点有两个方面：投资估算编制和审核及财务评价。决策阶段的工作重点主要有以下两点：

一是可行性研究报告的编制，其中以建设项目的经济评价为主。建设项目经济评价按照《建设项目经济评价方法与参数》（第三版）的有关规定执行。一般项目仅要求进行财务评价，部分特殊的工业项目有时还需进行国民经济评价。财务评价主要内容包括财务评价基础数据与参数选取、销售收入与成本费用估算、财务评价报表编制、盈利能力分析、偿债能力分析、不确定性分析以及财务评价结论等。

二是投资估算的编制与审核。投资估算是进行建设项目技术经济评价投资决策的基础。不同决策阶段投资估算的精度要求不同。投资估算编制的主要工作内容为估算建设项目投资估算，估算建设项目流动资金。同时投资估算的编制应满足项目建议书、预可行性研究、可行性研究、方案设计等不同阶段对建设项目进行经济评价的要求，选择不同的估算编制方法进行编制。投资估算审核的主要工作内容为审核投资估算编制所采用的依据、方法、内容及费用项目的科学性、准确性、合理性及全面性。

2.2 可行性研究管理

可行性研究是指通过对项目的主要内容和配套条件，如市场需求、资源工艺、建设规模、工艺线路、设备选型、环境影响、盈利能力等，从技术、经济、工程等方面进行调查研究和分析比较，并对项目建成以后可能取得的经济、社会、环境效益进行预测，为项目决策提供依据的一种综合性的系统分析方法。

可行性研究主要有以下五方面作用：

（1）工程项目的可行性研究是确定项目是否进行投资决策的依据；

（2）可行性研究是编制项目初步设计的依据；

（3）可行性研究是国家各级计划综合部门对固定资产投资实行调控管理，编制发展计划、固定资产投资、技术改造投资的重要依据；

（4）可行性研究是项目建设单位拟定采用新技术、新设备研制供需采购计划的依据；

（5）批准的可行性研究是项目建设单位向国土开发及土地管理部门申请建设用地的依据。

2.2.1 可行性研究的依据

可行性研究的依据主要有以下六个方面：

（1）国家经济发展的长远规划、国家经济建设的方针、任务和技术经济政策。部门、地区发展规划，经济建设的方针、任务、产业政策和投资政策。

（2）国家颁发的评价方法与参数，如国家基准收益率、行业基准收益率、外汇影子汇率、价格换算参数等。

（3）国家正式颁发的技术法规和技术标准以及有关行业的工程技术，经济方面的规范、标准、定额资料。

（4）厂址选择、工程设计、技术经济分析所需的地理、气象、水文、地质、自然和经济、社会、环保等基础资料和数据。

（5）批准的项目建议书和委托单位的要求。

（6）对于大中型骨干建设项目，必须具有国家批准的资源报告、国土开发整治规划、区域规划、工业基地规划。

2.2.2 可行性研究的程序

当项目建议书经国家计划部门、贷款部门审定批准后，该项目即可立项。项目业主或承办单位就可以以签订合同的方式委托有资质的咨询公司（或设计单位）着手编制拟建项目可行性研究报告。双方签订的合同中，应规定研究工作的依据、研究范围和内容、前提条件、研究工作质量和进度安排、费用支付方法、协作方式及合同双方的责任和关于违约的处理方法。受委托人与委托单位签订合同后，即可开展可行性研究工作。一般按以下程序开展工作，如图 2-1 所示。

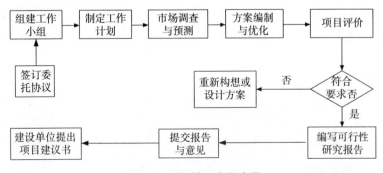

图 2-1　可行性研究程序图

2.2.3 可行性研究的方法

根据《投资项目可行性研究指南》（试用版）一书第一部分"可行性研究内容和方法"中列举的可行性研究内容的方法及参考其他相关文献，总结如下：

表 2-1　　　　　　　　　　　　可行性研究的方法

序号	可行性研究内容	方　　法	
1	市场调查	抽样调查法	随机抽样、分层抽样、分群抽样
		专家调查法	专家访谈、专家会议、特尔菲法
2	市场预测	德尔菲法、回归分析法、趋势外推法、弹性分析方法、投入产出分析法、简单移动平均法、简单指数平滑法、霍特双参数线性指数平滑法、时间序列分解法、产品终端消费法、马尔可夫转移概率矩阵法、比价法	
3	交通量需求预测方法	趋势类推法、弹性分析法、OD调查法、专家调查法、四阶段模型系统法	
4	多方案经济比较方法	效益比选方法	净现值比较法、净年值比较法；净现值率比较法、差额投资财务内部收益率法
		费用比选方法	费用现值比较法、等额年费用比较法
5	风险概率分析方法	变量概率的确定方法	德尔菲法、历史数据推定法
		概率树分析、蒙特卡洛模拟法	

在可行性研究阶段，可以运用价值管理的方法。主要是通过优化方案设计，求得一个最佳的设计方案，从而确定一个合理的投资估算。此阶段，建设工程的范围、组成、功能、标准、结构形式等并不是十分明确，所以优化的限制条件较少，优化的内容较多，对工程造价的影响也最大，此阶段应是应用价值工程进行全过程造价管理的重点。

一切发生费用的地方都可以运用价值管理的基本原理和方法来提高产品或作业的价值，在工程项目可行性研究中，除了全面应用价值工程的思想进行工程项目价值分析之外，尤其是应将表 2-2 中所列内容作为价值管理的主要研究对象。

表 2-2　　　　　　　　价值管理在可行性研究中的应用

序号	应用对象	应用方法	应用结果
1	工程项目的资源开发条件	从资源的可利用量、资源品质、资源储存条件、资源开发价值等方面对资源开发利用的可能性、合理性和可靠性进行综合评价	为确定项目的开发方案和建设规模提供依据
2	拟建项目的建设规模和产品方案	从单位产品生产能力（或者使用效益）投资、投资效益（即投入产出比、劳动生产率）、多产品项目资源综合利用方案与效益等方面进行综合评价和优选	为确定项目技术方案、设备方案、工程方案、原材料燃料供应方案及投资估算提供可靠依据
3	多个场址方案	从场址的工程条件（主要有占用土地种类及面积、地形地貌气候条件、地质条件、地震情况、征地拆迁移民安置条件、社会依托条件、环境条件、交通运输条件、施工条件等）和经济性条件（建设投资和运营费用）两个方面分析	选择可使工程项目价值最大化的具体坐落位置

续表

2013版《建设工程工程量清单计价规范》宣贯培训丛书

序号	应用对象		应用方法	应用结果
4	工程项目的技术方案		从技术的先进程度、技术的可靠程度、技术对产品质量性能的保证程度、技术对原材料的适应性、工艺流程的合理性、自动化控制水平、技术获得的难易程度、对环境的影响程度、购买技术或专利费用等方面分析	选择可使项目价值最大化的技术方案
5	工程项目的主要设备方案		分析各设备方案对建设规模的满足程度，对产品质量和生产工艺要求的保证程度、设备使用寿命、物料消耗指标、备品备件保证程度、安装试车技术服务、设备投资等方面	选择可使工程项目价值最大化的主要设备方案
6	工程项目的工程方案	一般工业项目	分析建筑面积、建筑层数、建筑高度、建筑跨度、建筑物构筑物的结构形式、建筑防火、建筑防爆、建筑防腐蚀、建筑隔声、建筑隔热、基础工程方案、抗震设防等	选择可使工程项目价值最大化的工程方案
		房地产开发项目	从配套设施性能、环境协调性、居住适用性、科技智能性、美学性能和经济等方面评价	选择可使住宅开发项目价值最大化的设计方案
7	工程项目的主要原材料燃料供应方案		从满足生产要求的程度、采购来源的可靠程度以及价格和运输费用等方面评价	选择可使工程项目价值最大化的主要原材料燃料供应方案

序号	应用对象	应用方法	应用结果
8	工程项目的总图布置方案	从技术经济指标（主要包括场区占地面积、建筑物构筑物占地面积、道路和铁路占地面积、土地利用系数、建筑系数、绿化系数、土石方挖填工程量、地上和地下管线量、防洪治涝措施工程量、不良地质处理工程量以及总图布置费用等）和功能方面（生产流程的短捷、流畅、连续程度，内部运输的便捷程度以及满足安全生产程度等）进行综合评价	获得可使工程项目价值最大化的总平面布置图
9	工程项目的场内外运输方案	从运输量、运输方式、运输路线、运输设备和运输设施等方面进行分析	选择可使工程项目价值最大化的场内外运输方案
10	工程项目环境保护治理措施的各局部方案和总体方案	从技术水平对比、治理效果对比、管理及监测方式对比、环境效益对比等方面进行分析	选择可使价值工程最大化的环境保护治理措施方案
11	工程项目的安全措施方案	针对不同危害和危险性因素的场所、范围及危害程度，从安全防护措施、满足劳动安全规范的生产工艺、防护和卫生保健措施等方面进行分析	选择可使工程项目价值最大化的安全措施方案
12	工程项目组织机构的设置方案	从组织机构模式、管理层次、管理跨度、人员的构成等方面进行分析	选择可使工程项目价值最大化的组织机构设置方案

续表

序号	应用对象	应用方法	应用结果
13	工程项目的融资方案	从资金来源、融资结构（资本金与债务资金的比例、股本构成、债务结构）、融资成本（债务资金融资成本、资本融资成本）、融资风险（资金供应风险、利率风险、汇率风险）等方面进行分析	选择可使工程价值最大化的融资方案
14	工程项目的社会评价	对项目可行性研究拟定的建设地点、技术方案和工程方案中涉及的主要社会因素进行定性和定量分析	比选推荐社会正面影响大、社会负面影响小的方案

鉴于工程项目可行性研究阶段的特点，重点推荐使用 40 小时工作法、澳大利亚法和日本 3 小时工作法，在具体的项目价值管理研究中，价值工程价值优选的基本方法均可使用。

2.2.4 可行性研究的注意事项

1. 正确对待市场与价格的预测

对于一个具体建设项目特别是经营性项目来说，市场和价格就是影响项目成败的关键所在。市场走向和价格高低往往成为项目经济上是否可行的最重要砝码，预测的准确与否直接关系到经济评价结果的可靠性。

在实际工作中，经常遇到这种情况，即一种产品的销售价格在短短几个月内涨落很大。同一个项目半年之内的财务评价结果可能截然相反，问题就在于产品销售价格预测。因此，要保持评价结果的科学性，且经得住时间的推敲，必须重视市场与价格的预测。既

2013版《建设工程工程量清单计价规范》宣贯培训丛书

要了解市场的过去和现状，更要掌握市场的发展趋势，用动态的观点、动态的方法搜集动态的市场信息并进行整理、分析和运用。要确定合理的预测价格，需要考虑多种因素，包括国内外市场走向、开工率，市场占有率、市场服务范围、区域条件、运输条件、外贸进出口情况、相关行业的情况、税收等，要制定合理预测模型，进行必要的概率分析，预测应该是有科学根据的预测，不能是随意和盲目的人为取舍。

2. 风险分析应作为可行性研究报告强调的重点内容

目前国内可行性研究报告虽已设有风险分析专篇，但对项目的风险分析却重视不够，尤其对市场、投资以及经济效益方面可能出现的各种情况以及项目的影响程度分析预测不够，导致许多项目实施后实际数据与可研数据出入很大，甚至完全失实。尽管可行性研究报告中作了敏感性分析，并显示项目效益对一种或几种不确定因素敏感的程度，但决策者认识不够，仅依据方案内部收益率和还款期的大小进行决策，显得过分简单，容易导致失误，造成无可挽回的损失。投资项目的建设要耗费大量资金、物资和人力等宝贵资源，且一旦建成，难以更改，因此投资项目的风险防范和控制更显重要。为了有效地防范和控制风险，不仅在投资项目的前期工作中需进行风险分析和风险对策研究，更重要的是在项目实施过程及经营中应有效地进行风险评价和风险分析。因此要提高风险意识，强化风险分析，重视风险分析。

3. 应考虑通货膨胀及其影响

近年来，许多建设项目财务评价的失实，这与过于简化评价影响因素是分不开的，通货膨胀就是其中很重要的基础数据之一。尽管在计算 FIRR（Financial Internal Rate of Return，财务内部收益率）等盈利能力指标时，剔除通货膨胀因素，但通货膨胀对清偿能力的影响不容忽视。世界银行在项目评价中，把所采用价格分为其基价、现价和实价，这种划分很有道理，不同的价格有不同的用途，目的是真实地反映项目实际财务状况，使财务评价结果更趋于相对合理和准确。

4. 清偿能力分析应给予重视

在项目评价中，一般以全部投资 FIRR 来判定经济上的可行性，人们对盈利能力分析的理解和接受程度要高于清偿能力分析。然而，清偿能力指标分析也决不能忽视。在项目实施过程中，清偿能力指标较盈利能力指标来得更为直观、清晰，一个项目如果背着沉重的债务包袱，那是极其危险的。同时，银行在评估项目的时候，对资产负债较高的项目，也是难以放贷的。

2.2.5 可行性研究报告的审核

可行性研究报告是在建设项目的投资前期，对拟建设项目进行全面、系统的技术经济分析和论证，从而对建设项目进行合理选择的一种重要的方法。加强对可行性研究报告的审核是非常重要的。重点应从以下几个方面审核。

（1）审核项目场地、规模、建设方案是否经过多方案比较优选。

（2）审核各项数据是否齐全，可信度如何。

（3）运用经济评价、效益分析考核指标对投资估算和预计效益进行复核、分析、测评，看是否进行动态分析、静态分析、财务分析、效益分析、重大项目进行国民经济评价。

（4）审核可行性研究报告审批情况。可行性报告审批的情况主要是审核可行性研究报告是否经其编制单位的行政、技术、经济负责人签字，以示对可行性研究报告负责；是否交有关部门审查，审查机构是否组织多方面专家参加审查会议并据实做出审查意见，审查对可行性机构、对上述审查意见的执行情况等。

（5）审核建设规模的市场预测的准确性。建设规模和市场需求预测准确性的审核主要是审查拟建项目的规模、产品方案是否符合实际需要，对国内外市场预测、价格分析、产品竞争能力、国际市场前瞻性分析是否正确合理。

（6）审查厂址及建设情况。厂址及建设条件从审核角度，主要审查与建设工程相关的地形、地质、水文等条件。

（7）审核建设项目工艺和技术方案，主要看建设项目在工艺技术、设备选型上是否先进，经济上是否合理，如引进设备，还要看是否与国内外之间衔接配套，设备是否在短期内发生功能损耗。

（8）审查交通运输环境是否有保障，并从长远规划角度考虑。

（9）审查环境保护的措施，主要审查"三废"治理措施是否与主体工程设计、建设投资同步进行。对于严重污染环境、治理方案不落实的建设工程，审核人员应提出停建或缓建的建议。

（10）审核投资估算和资金的筹措，主要是审查建设资金安排是否合理、估算和概算内容是否完整、指标选用是否合理、资金来源有无正常的来源渠道、贷款有无偿还能力、投资回收期是否正确等。

（11）审查投资效益，主要从建设项目宏观和微观两个方面进行认真审查，可采用建设项目经济评价汇总表格审查。

综上所述，对建设项目可行性研究审核是指在项目投资决策阶段，对拟建项目所进行的全面技术经济分析论证，包括项目前期对拟建项目有关的自然、社会、经济、技术资料的调查、分析和预测研究，构造和比选可行的投资方案，论证项目投资的必然性，项目对主体的适应性和风险性、技术上的先进性和适用性、经济上的赢利性及投资条件上的可能性和可行性。这是一种综合型决策论证分析，包括每种市场调查和预测方法、方案构造和比选决策方法、风险分析方法、技术经济分析方法等。

投资项目可行性研究和审计是决定和影响投资最重要阶段，在这个阶段要做出关于投资方案、投资实施方向性决策，这个决策不仅要明确回答拟建项目是否应该投资和推荐较好投资选择，为投资决策提供科学依据，还应进一步规划、设计和实施提高指导的原则、框架和基础。因此，对可行性研究报告结果较差的项目必须相对慎重，借助各方面技术力量反复论证。逐步推进，直至取得科学和稳妥的决策。大项目可行性研究决策和审核工作流程如图 2-2 所示。

2.3　投资估算的管理

2.3.1　投资估算编制的依据

投资估算的编制依据如下：

（1）国家、行业和地方政府的有关规定；

建设项目决策阶段的工程造价管理

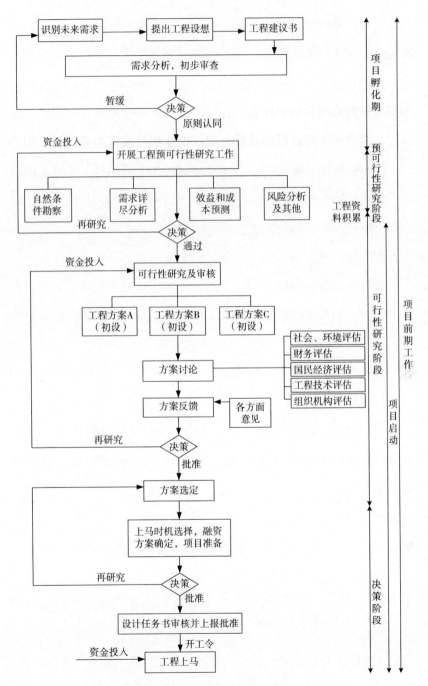

图 2-2　可行性研究决策和审核过程

（2）工程勘察文件与设计文件，图示计量或有关专业提供的主要工程量和主要设备清单；

（3）行业部门、项目所在地工程造价管理机构或行业协会等编制的投资估算指标、概算指标（定额）、工程建设其他费用定额（规定）、综合单价、价格指数和有关造价文件等；

（4）类似工程的各种技术经济指标和参数；

（5）工程所在地的同期的工、料、机市场价格，建筑、工艺及附属设备的市场价格和有关费用；

（6）政府有关部门、金融机构等部门发布的价格指数、利率、汇率、税率等有关参数；

（7）与项目建设相关的工程地质资料、设计文件、图纸等；

（8）委托人提供的其他技术经济资料。

2.3.2　投资估算编制的程序

根据投资估算的不同阶段可分为项目建议书阶段的投资估算及可行性研究阶段的投资估算。项目建议书阶段的投资估算一般要求编制总投资估算，常用生产能力指数法、系数估算法、比例估算法、混合法、指标估算法等。

可行性研究阶段的投资估算的编制一般包含静态投资、动态投资与流动资金估算三部分，主要包括以下几方面：

（1）分别估算各单项工程所需的建筑工程费、设备及工器具购置费和安装工程费；

（2）在汇总各单项工程费用的基础上，估算工程建设其他费用和基本预备费；

（3）估算涨价预备费和建设期贷款利息；

（4）估算流动资金；

（5）汇总得到建设项目总投资估算。其编制流程如图 2-3 所示。

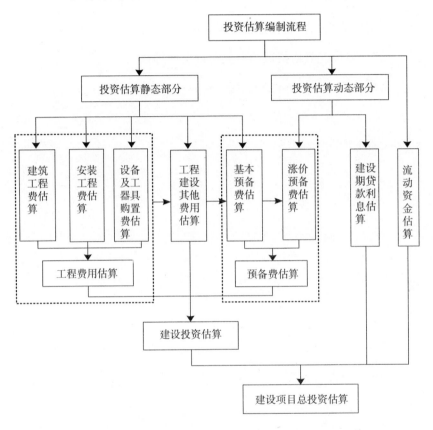

图 2-3　建设项目决策阶段投资估算编制工作原理

2.3.3　投资估算编制的方法

2.3.3.1　项目建议书阶段的投资估算编制方法

项目建议书阶段投资估算的编制主要包括：生产能力指数法、系数估算法、比例估算法、混合法及指标估算法，各方法的适用范围及计算公式如表 2-3 所示。

表 2-3　　　　　　　　　项目建议书阶段投资估算编制方法

编制方法	适用范围	计算公式
生产能力指数法	生产能力指数法是根据已建成的类似建设项目生产能力和投资额，进行粗略估算拟建建设项目相关投资额的方法。本办法主要应用与设计深度不足，拟建建设项目与类似建设项目的规模不同，设计定型并系列化，行业内相关指数和系数的基础资料完备的情况	$$C = C_1(Q/Q_1)^X f$$ 式中　C——拟建建设项目的投资额； C_1——已建成类似建设项目的投资额； Q——拟建项目的生产能力； Q_2——已建成类似项目的生产能力； X——生产能力指数（$0 \leqslant X \leqslant 1$）； f——不同时期、不同建设地点而产生的定额水平、设备购置和建筑安装材料价格、费用变更和调整等综合调整系数
系数估算法	系数估算法是根据已知的拟建项目的主体工程费或主要生产工艺设备费为基数，以其他辅助或配套工程费占主体工程费或主要生产工艺设备费的百分比为系数，进行估算拟建建设项目相关投资额的方法。本方法主要应用于设计深度不足，拟建建设项目与类似建设项目的主体工程费或主要生产工艺设备投资比重较大，行业内相关系数等基础资料完备的情况	$$C = E(1 + f_1 p_1 + f_2 p_2 + f_3 p_3 + \cdots + p_n f_n) + I$$ 式中　C——拟建项目的投资额； E——拟建建设项目的主体工程费或主要生产工艺设备费； p_1、p_2、p_3、$\cdots$、p_n——已建成类似建设项目的辅助或配套工程费占主体工程或主要生产工艺设备费的比重； f_1、f_2、f_3、$\cdots$、f_n——由于建设时间、地点而产生的定额水平、建筑安装材料价格、费用变更和调整等综合调整系数； I——根据具体情况计算的拟建建设项目各项其他基本建设费
比例估算法	比例估算法是根据已知的同类建设项目主要生产工艺设备投资占整个建设项目的投资比例，先逐项估算出拟建建设项目主要生产工艺设备投资，再按比例进行估算拟建建设项目相关投资额的方法。本办法主要应用于设计深度不足，拟建建设项目与类似建设的主要生产工艺设备投资比重较大，行业内相关系数等基础资料完备的情况	$$C = \sum_{i=1}^{n} Q_i P_i / k$$ 式中　C——拟建建设项目的投资额； k——主要生产工艺设备费占拟建建设项目投资的比例； n——主要生产工艺设备的种类； Q_i——第 i 种主要生产工艺设备的数量； P_i——第 i 种主要生产工艺设备的购置费（到厂价格）

续表

编制方法	适用范围	计算公式
混合法	混合法是根据主题专业设计的阶段和深度，投资估算编制着所掌握的国家及地区、行业或部门相关投资估算基础资料和数据（包括造价咨询机构自身统计和积累的相关造价基础资料），对一个拟建建设项目采用生产能力指数法与比例估算法或系数估算法与比例估算法混合进行估算其相关投资额的方法	
指标估算法	指标估算法是把拟建建设项目以单项工程或单位工程，按建设内容纵向划分为各个主要生产设施、辅助及公用设施、行政及福利设施以及各项其他基本建设费用，按费用性质横向划分为建筑工程、设备购置、安装工程等，根据各种具体的投资估算指标，进行各单位工程或单项工程的估算，在此基础上汇集编制成拟建建设项目的各个单项工程费用和拟建建设项目的工程费用投资。再按照相关规定估算工程建设其他费用、预备费、建设期贷款利息等，形成拟建建设项目总投资	

2.3.3.2 可行性研究阶段的投资估算编制方法

可行性研究阶段的投资估算原则上应采用指标估算法，可行性研究阶段的投资估算应满足项目的可行性研究与评估，并最终满足国家和地方相关部门批复或备案的要求。

1. 工程费用估算

（1）建设工程费用估算

建筑工程费用在投资估算编制中一般采用单位建筑工程投资估算法、单位实物工程量投资估算法、概算指标投资估算法等进行估算，其计算方法介绍如表 2-4 所示：

2013版《建设工程工程量清单计价规范》宣贯培训丛书

表 2-4　　　　　　　建筑工程费用计算方法介绍

计算方法		计算公式	投资的表现形式
单位建筑工程投资估算法	单位长度价格法	建筑工程费用＝单位建筑工程量投资×建筑工程总量	水库为水坝单位长度（米）的投资，铁路路基为单位长度（千米）的投资，矿上掘进为单位长度（米）的投资
	单位功能价格法	建筑工程费用＝每功能单位的成本价格×该单位的数量	医院为病床数量的投资
	单位面积价格法	建筑工程费用＝(已知项目建筑工程费用÷该项目的房屋总面积)×该项目总面积＝单位面积价格×该项目总面积	一般工业与民用建筑为单位建筑面积（平方米）的投资
	单位容积价格法	建筑工程费用＝(已知项目建筑工程费用÷该项目的建筑容积)×该项目建筑容积＝单位容积价格×该项目建筑容积	工业窑炉砌筑为单位容积（立方米）的投资
单位实物工程量投资估算法		建筑工程费用＝单位实物工程量投资×实物工程总量	土石方工程为每立方米投资，矿井巷道衬砌工程为每延米投资，路面铺设工程为每平方米投资
概算指标投资估算法		对于没有上述估算指标且建筑工程费占总投资比例较大的项目，采用计算主体实物工程量套用相关综合定额或概算定额进行估算。采用此种方法，应占有较为详细的工程资料、建筑材料价格和工程费用指标	

建筑工程费用估算表如表 2-5 所示。

表 2-5 建筑工程费用估算表

工程名称：

序号	建（构）筑物名称	单位	建筑面积	单价（元）	费用合计（万元）
1					
2					
3					
	合计				

编制人：　　　　　　　　审核人：　　　　　　　　审定人：

（2）安装工程费用估算

安装工程费通常按行业或专门机构发布的安装工程定额、取费标准和指标估算投资。计算公式为：

安装工程费＝设备原价×安装费率

安装工程费＝设备吨重×每吨安装费

安装工程费＝安装工程实物量×安装费用指标

（3）设备及工器具购置费估算

根据项目主要设备表及价格、费用资料编制，工器具购置费按设备费的一定比例计取。对于价值高的设备应按单台（套）估算购置费，价值较小的设备可按类估算，国内设备和进口设备应分别估算，其估算方法如表 2-6 所示：

表 2-6 设备及工器具购置费估算方法

估算内容			估算方法
设备购置费	国产标准设备原价		• 占投资比重较大的主体工艺设备出厂价估算，应依据设备的产能、规格、型号、材质、设备重量，向设备制造厂家和设备供应商进行询价，或类似工程选用设备订货合同价和市场调研价为基础进行估算； • 其他小型通用设备出厂价估算可以根据行业和地方相关部门定期发布的价格信息进行估算
	国产非标准设备原价		• 非标准工艺设备费估算，也应依据该设备的产能、材质、设备重量、加工制造复杂程度，向设备制造厂家、设备供应商或施工安装单位询价，或按类似工程选用设备订货合同价和市场调研价的基础上按技术经济指标进行估算； • 非标准设备估算应考虑完成非标准设备技术、制造、包装以及利润、税金等全部费用内容
	进口设备（材料）原价	一般向设备制造厂家和设备供应厂商询价，或按类似工程选用设备订货合同价和市场调研得出的进口设备价的基础上加各种税费计算的价格	采用离岸价（FOB）为基数计算： 进口设备原价＝离岸价（FOB）×综合费率 综合费率应包括：国际运费及运输保险费、银行财务费、外贸手续费、关税和增值税等税费。
			采用到岸价（CIF）为基数计算时 进口设备原价＝到岸价（CIF）×综合费率 综合费率应包括：银行财务费、外贸手续费、关税和增值税等税费对于进口综合费率的确定，应根据进口设备（材料）的品种、运输交货方式、设备（材料）询价所包括的内容、进口批量的大小等，按照国家相关部门的规定或参照设备进口环节涉及的中介机构习惯做法确定
	设备运杂费		一般根据建设项目所在区域行业或地方相关部门的规定，以设备出厂价格或进口设备原价的百分比估算
	备品备件费		一般根据设计所选用的设备特点，按设备费百分比估算，估算时并入设备费 备品备件费＝设备费×百分比

续表

估算内容	估算方法
工具、器具及生产家具购置费	工具、器具及生产家具购置费纳入设备购置费，一般以设备购置费为计算基数，按照部门或行业规定的工具、器具及生产家具费率计算： 工具、器具及生产家具购置费＝设备购置费×定额费率

安装工程费用估算表如表 2-7 所示。

表 2-7　　　　　　　　　　安装工程费用估算表

工程名称：

序号	安装工程名称	单位	数量	国产设备安装费率(%)	进口设备安装费率(%)	安装费用
1						
2						
3						
	合计					

编制人：　　　　　　　　审核人：　　　　　　　　审定人：

2. 工程建设其他费用估算

工程建设其他费用的计算应结合拟建项目的具体情况，有合同或协议明确的费用按合同或协议列入。无合同或协议明确的费用，根据国家和各行业部门、工程所在地地方政府的有关工程建设其他费用定额和计算办法估算。工程建设其他费用的计算办法如表 2-8 所示：

表 2-8 工程建设其他费用的计算办法

序号	费用内容		费用确定方法
1	建设用地费		• 根据征用建设用地面积、临时用地面积，按建设项目所在省（市、自治区）人民政府制定颁发的土地征用补偿费、安置补助费标准和耕地占用税、城镇土地使用税标准计算； • 建（构）筑物如需迁建，迁建补偿费应按迁建补偿协议计列或按新建同类工程造价计算； 建设场地平整中的余物拆除清理费计入"场地准备及临时实施费"； • 采用"长租短付"方式租用土地使用权，建设期间支付的租地费用计入建设用地费；经营期的土地使用费计入营运成本中核算
2	与项目建设有关的其他费用	建设管理费	计算公式：建设管理费＝工程费用×建设管理费费率 • 采用建设监理时，监理费应根据委托的监理工作范围和监理深度在监理合同中商定，可按《建设工程监理与相关服务收费管理规定》（国家发改委、住房和城乡建设部发改价格［2007］670号）相关规定计算； • 采用总承包方式，总包管理费根据总包工作范围在合同中商定，可按《基本建设财务管理规定》（财政部财建［2002］394号）相关规定计算； • 改扩建项目的建设管理费费率应比新建项目适当降低
		可行性研究费	• 依据前期研究委托合同计列，或参照《国家计委关于印发〈建设项目前期工作咨询收费暂行规定〉的通知》（计投资［1999］1283号）规定计算
		研究试验费	• 按照研究试验内容和要求进行编制
		勘察设计费	• 依据勘察设计委托合同计列，或参照国家计委、建设部《关于发布〈工程勘察设计收费管理规定〉的通知》（计价格［2002］10号）规定计算
		环境影响评价费	• 依据环境影响评价委托合同计列，或按照国家计委、国家环境保护总局《关于规范环境影响咨询收费有关问题的通知》（计价格［2002］125号）规定计算
		劳动安全卫生评价费	• 依据劳动安全卫生预评价委托合同计列，或按照建设项目所在省（市、自治区）劳动行政部门规定的标准计算

续表

序号	费用内容		费用确定方法
2	与项目建设有关的其他费用	场地准备及临时设施费	• 根据实际工程量估算，或按工程费用的比例计算。改扩建项目一般只计拆除清理费； • 计算公式：场地准备及临时设施费＝工程费用×费率＋拆除清理费
		引进技术和引进设备其他费	• 包括引进项目图纸资料翻译复制费、出国人员费用、来华人员费用、银行担保及承诺费等
		工程保险费	• 根据工程特点选择投保险种，根据投标合同计列保险费用。
		特殊设备安全监督检验费	• 按照建设项目所在省、市、自治区安全监察部门的规定标准计算。无具体规定的，可按受检设备现场安装费的比例估算
		市政公用设施费	• 按工程所在地人民政府规定标准计列
3	与未来生产经营有关的其他费用	联合试运转费	• 当联合试运转收入小于试运转支出时：联合试运转费＝联合试运转费用支出－联合试运转收入
		专利及专有技术使用费	• 按专利使用许可协议和专有技术使用合同的规定计列； • 一次性支付的商标权、商誉及特许经营权费按协议或合同规定计列
		生产准备及开办费	• 新建项目按设计定员为基数计算，改扩建项目按新增设计定员为基数计算： 生产准备费＝设计定员×生产准备费指标（元/人）； • 也可按费用内容的分类指标计算

工程建设其他费用估算表如表 2-9 所示。

表 2-9　　　　　　　　　　工程建设其他费用估算表

工程名称：

序号	费用名称		计算依据	费率或标准	总价（万元）	含外汇（万美元）
1	建设用地费					
2	与项目建设有关的其他费用	建设管理费				
		可行性研究费				
		研究试验费				
		勘察设计费				
		环境影响评价费				
		劳动安全卫生评价费				
		场地准备及临时设施费				
		引进技术和引进设备其他费				
		工程保险费				
		特殊设备安全监督检费				
		市政公用设施费				
3	与未来生产经营有关的其他费用	联合试运转费				
		专利及专有技术使用费				
		生产准备及开办费				
	合计					

编制人：　　　　　　　　审核人：　　　　　　　　审定人：

3. 基本预备费估算

基本预备费是按工程费用和工程建设其他费用二者之和为计取

2013版《建设工程工程量清单计价规范》宣贯培训丛书

基础，乘以基本预备费费率进行计算。

$$基本预备费 = (工程费用 + 工程建设其他费用) \times 基本预备费费率$$

基本预备费费率的取值应执行国家及部门的有关规定。依据《建设项目投资估算编审规程》（CECA/GC 1-2007）的规定，投资估算的预备费费率应控制在行业或地方工程造价管理机构发布的计价依据和合理范围内。无相应规定者执行工程咨询预备费费率参考标准，项目建议书阶段为 10%～20%；可行性研究报告阶段为8%～10%。

4. 动态预备费估算

建设投资动态部分主要包括价格变动可能增加的投资额，即主要是对涨价预备费的估算，如果是涉外项目，还应该计算汇率的影响。动态部分的估算应以基准年静态投资的资金使用计划为基础来计算，而不是以编制的年静态投资为基础计算。此处只介绍涨价预备费如何估算。汇率的估算依据实际汇率的变化情况进行估算。

涨价预备费一般根据国家规定的投资综合价格指数，按估算年份价格水平的投资额为基数，采用复利方法计算。计算公式为：

$$PF = \sum_{t=1}^{n} I_t \left[(1+f)^m (1+f)^{0.5} (1+f)^{t-1} - 1 \right]$$

式中　PF——涨价预备费；

　　　n——建设期年份数；

　　　I_t——建设期中第 t 年的投资计划额，包括工程费用、工程建设其他费用及基本预备费，即第 t 年的静态投资；

　　　f——年均投资价格上涨率；

　　　m——建设前期年限（从编制估算到开工建设，单位：年）。

5. 建设期利息估算

建设期利息包括银行借款和其他债务资金的利息，以及其他融资费用。其他融资费用是指某些债务融资中发生的手续费、承诺费、管理费、信贷保险费等融资费用，一般情况下应将其单独计算并计入建设期利息；在项目前期研究的初期阶段，也可作粗略估算并计入建设投资；对于不涉及国外贷款的项目，在可行性研究阶段，也可作粗略估算并计入建设投资。

当总贷款是分年均衡发放时，建设期利息的计算可按当年借款在年中支用考虑，即当年贷款按半年计息，上年贷款按全年计息。计算公式为：

$$q_j = \left(P_{j-1} + \frac{1}{2} A_j \right) \cdot i$$

式中 q_j——建设期第 j 年应计利息；

P_{j-1}——建设期第（$j-1$）年末累计贷款本金与利息之和；

A_j——建设期第 j 年贷款金额；

i——年利率。

建设期利息估算表如表 2-10 所示。

表 2-10　　　　　　　　**建设期利息估算表**

工程名称：

序号	项目	合计	建设期				
			1	2	3	⋯	N
1	借款						
1.1	建设期利息						
1.1.1	起初借款余额						

续表

序号	项目	合计	建设期				
			1	2	3	...	N
1.1.2	当期借款金额						
1.1.3	当期应计利息						
1.1.4	期末借款余额						
1.2	其他融资费用						
1.3	小计						
2	债券						
2.1	建设期利息						
2.1.1	起初债务余额						
2.1.2	当期债务金额						
2.1.3	当期应计利息						
2.1.4	期末债务余额						
2.2	其他融资费用						
2.3	小计						
3	合计						
3.1	建设期利息合计						
3.2	其他融资费用合计						

编制人： 审核人： 审定人：

6. 流动资金估算

流动资金估算一般采用分项详细估算法，个别情况或者小型项目可采用扩大指标法。

（1）分项详细估算法估算流动资金

分项详细估算法是根据周转额与周转速度之间的关系，对构成流动资金的各项流动资产和流动负债分别进行估算。流动资产的构成要素一般包括存货、库存现金、应收账款和预付账款；流动负债的构成要素一般包括应付账款和预收账款。流动资金等于流动资产和流动负债的差额，计算公式为：

流动资金＝流动资产－流动负债

流动资产＝应收账款＋预收账款＋存货＋现金

流动负债＝应付账款＋预收账款

流动资金本年增加额＝本年流动资金－上年流动资金

流动资金估算的具体步骤，首先计算各类流动资产和流动负债的年周转次数，然后再分项估算占用资金额，各项金额具体估算方法如表 2-11 所示。

表 2-11　　　　分项详细估算法下各项金额估算方法

序号	估算内容	解释说明	估算方法
1	周转次数	各类流动资产和流动负债的最低周转天数，可参照同类企业的平均周转天数并结合项日特点确定；或按部门（行业）规定，在确定最低周转天数时应考虑储存天数、在途天数，并考虑适当的保险系数	周转次数＝360/流动资金最低周转天数
2	应收账款	应收账款是指企业对外赊销商品、提供劳务尚未收回的资金	应收账款＝年经营成本/应收账款周转次数

续表

序号	估算内容	解释说明	估算方法
3	预付账款	预付账款是指企业为购买各类材料、半成品或服务所预先支付的款项	预付账款＝外购商品或服务年费用金额/预付账款周转次数
4	存货	存货＝外购原材料、燃料＋其他材料＋在产品＋产成品	在产品＝（年外购原材料、燃料＋年工资及福利费＋年修理费＋年其他制造费用）/在产品周转次数
			产成品＝（年经营成本－年其他营业费用）/产成品周转次数
			外购原材料、燃料＝年外购原材料、燃料费用/分项周转次数
			其他材料＝年其他材料费用/其他材料周转次数
5	现金	项目流动资金中的现金是指货币资金，即企业生产运营活动中停留于货币形态的那部分资金，包括企业库存现金和银行存款	现金＝（年工资及福利费＋年其他费用）/现金周转次数
			年其他费用＝制造费用＋管理费用＋营业费用－（以上三项费用中所含的工资及福利费、折旧费、摊销费、修理费）
6	流动负债	在可行性研究中，流动负债的估算可以只考虑应付账款和预收账款两项	应付账款＝外购原材料、燃料动力费及其他材料年费用/应付账款周转次数
			预收账款＝预收的营业收入年金额/预收账款周转次数

其流动资金估算表如表 2-12 所示。

表 2-12　　　　　　　　　流动资金估算表

工程名称：

序号	项目	最低周转天数	周转次数	计算期				
				1	2	3	…	N
1	流动资金							
1.1	应收账款							
1.2	存货							
1.2.1	原材料							
1.2.2	×××							
…								
1.2.3	燃料							
	…							
1.2.4	在产品							
1.2.5	产成品							
1.3	现金							
1.4	预付账款							
2	流动负债							
2.1	应付账款							
2.2	预收账款							
3	流动资金							
4	流动资金当期增加额							

编制人：　　　　　　　　审核人：　　　　　　　　审定人：

（2）扩大指标估算法估算流动资金

扩大指标估算法是根据现有同类企业的实际资料，求得各种流动资金率指标，亦可依据行业或部门给定的参考值或经验确定比率。

将各类流动资金率乘以相对应的费用基数来估算流动资金。一般常用的基数有营业收入、经营成本、总成本费用和建设投资等,究竟采用何种基数依行业习惯而定。扩大指标估算法简便易行,但准确度不高,适用于项目建议书阶段的估算。扩大指标估算法计算流动资金的公式为:

年流动资金额＝年费用基数×各类流动资金率

2.3.4 投资估算编制的注意事项

(1) 估算时应明确建设项目的性质(如民用项目、生产性项目等),对于工程费用与其他费用的估算也应充分考虑;

(2) 以指标估算法为例,影响投资估算编制精度的主要因素有以下几项,在参照其造价信息时应予以适当调整,其调整内容及重点如表 2-13 所示。

表 2-13 投资估算历史造价信息调整重点

序号	调整内容	主要因素	调整重点
1	人工费的变化	拟建设项目所在地区人工价格水平、建设年代、建设工期等	·拟建建设项目与历史造价信息价格之间的差额 ·拟建建设项目每平方米消耗量
2	主要材料费的变化	拟建设项目所在地区物价水平,建设年代,材料供应情况,材料规格	
3	费率的变化	综合单价取费费率	
4	施工条件的变化	建设场地条件,工程地质	
5	项目特征的变化	拟建项目是否在采用新技术、新方法、新结构等	

2013版《建设工程工程量清单计价规范》宣贯培训丛书

（3）对于影响指标修正的客观因素，如拟建项目建设地域、地址等也给予充分考虑。

2.3.5 投资估算的审核

1. 程序

投资估算的审核流程主要包括编制内容的完整性审核及编制依据的准确性审核两个环节，其审核流程如图2-4所示：

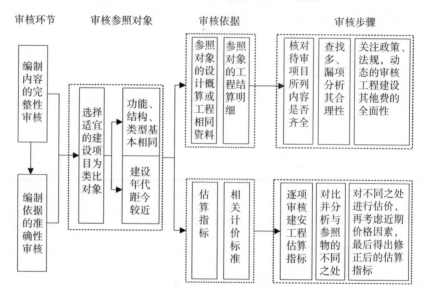

图2-4 投资估算审核流程图

2. 方法

（1）根据研究阶段深度，审核可行性研究报告投资估算文件是否与项目建议书投资估算文件一致；项目建议书投资估算文件审核后提出的建议是否已采纳；修改方案是否已按合理设计而作了改变等。如果项目建议书投资估算审核未通过，而马上做出了可行性研究报告投资估算，且要求审核，那么可判定可行性研究报告投资估算是无效的。

（2）对文件内容的审核首先是审核技术经济指标。如总造价、每千米造价或每平方米造价等。进一步可审核每立方米土、石方造价，或每立方米混凝土、圬工砌体造价等。对技术经济指标超出常规的应提出来分析原因。

（3）审核指标、费率及借用的定额是细致的工作。综合指标或分项指标取用是否正确，费率是否充分考虑到实际施工单位的情况及地方补充规定，参照定额是否合法等要在审核工作中作全面细致、十分严格地查对。

（4）其他审核工作。包括合同书、协议以及征地、补偿费用计算，勘察设计费、研究试验费、施工机械迁移费、供电贴费、大型专用机械设备购置费、固定资产投资方向调节税、建设期贷款利息的计算是否符合规定，其依据是否合法等。

3. 注意事项

（1）审核投资估算编制依据

工程项目投资估算要采用各种基础资料和数据，因此在审核时，重点要审核这些基础资料和数据的时效性、准确性和适用范围。如使用不同年代的基础资料就应特别注重时效性，另外套用国家或地方建设工程主管部门颁发的估算指标，引用当地工程造价管理部门提供的有关数据，或直接调查已竣工的工程项目资料等一定要注意地区、时间、水平、条件、内容等差异，以达到准确、恰当地使用这些基础资料和数据。

（2）审核投资估算编制方法

审核投资估算方法时要重点分析所选择的投资估算方法是否恰

当。一般来说，供决策用的投资估算，不宜使用单一的投资估算方法，而是综合使用集中投资估算方法，互相补充，相互校核。

（3）审核投资估算编制内容

审核投资估算编制内容的核心是防止编制投资估算时多项、重项或漏项，保证内容准确合理，审核时需从以下几方面予以重点审核：

①审核费用项目与规定要求、实际情况是否相符，估算费用划分是否符合国家规定，是否针对具体情况做了适当增减；

②审核是否考虑了物价变化、费率变动等对投资额的影响，所用的调整系数是否合适。

③审核现行标准和规范与已建设项目之时的标准和规范有变化时，是否考虑了上述因素对投资估算额的影响。

④审核拟建是否对主要材料价格的估算进行了相应调整；

⑤审核工程项目采用高新技术、材料、设备以及新结构、新工艺等，是否考虑了相应费用额的变化。

第 3 章　建设项目设计阶段的工程造价管理

3.1　概　　述

设计是在技术和经济上对拟建工程的实施意图进行的具体描述，也是对工程建设进行规划的过程。工程设计包括工业建筑设计和民用建筑设计。工业建筑设计包括总平面图设计、工艺设计和建筑设计。总平面图设计即通常所说的总图运输设计和总平面配置；工艺设计是指根据企业拟生产的产品要求，合理选择工艺流程和设备种类、型号、性能并合理地布置工艺流程的设计：建筑设计是指按照已设计的工艺流程和选定的设备要求，采用先进、科学的方案，完整地表达建筑物、构筑物的外型、空间布置、结构以及建筑群体组成的设计。一般的公用工程和住宅的设计就是民用建筑设计。民用工程设计是只有建筑设计，是根据使用者或投资者对功能、建筑标准的要求，具体确定结构形式、建筑物的空间和平面布置以及建筑群体合理安排的设计。

设计阶段的工程造价控制是建设工程造价控制的重点。在拟建项目做出投资决策以后，设计就成为工程造价控制的关键阶段。在这个阶段，设计者的灵活性很大，修改、变更设计方案的成本比较低，而对造价的影响度却是仅次于决策阶段，对一个已做出投资决策的项目而言，这个阶段对造价的高低起着能动的、决定性的作用。

3.1.1　设计阶段对工程造价管理的影响

3.1.1.1　工业建筑设计影响造价的因素

在工业建筑设计中，影响工程造价的主要因素有总平面图设计、工业建筑的平面和立面设计、建筑结构方案的设计、工艺技术方案选择、设备的选型和设计等。

1. 总平面图设计

总平面图设计是指按照工艺流程和防火安全距离、运输道路的曲率等要求，结合厂区的地形、地质、气象及外部运输等自然条件，把要兴建的各种建筑物、构筑物或配套设施有机地、紧密地、因地制宜地在平面上和空间上合理组合、配置起来的工作。

厂区总平面图设计方案是否经济合理，关系到整个企业设计和施工以及投产后的生产、经营。正确合理的总平面设计可以大大减少建筑工程量，节约建设用地，节省建设投资，降低工程造价和投产后的使用成本，加快建设速度，并为企业创造良好的生产组织、经营条件和生产环境。

（1）总平面图设计的基本要求

①尽量节约用地，少占或不占农田。一般来讲，生产规模大的建设项目的单位生产能力占地面积比生产规模小的建设项目要小，为此要合理确定拟建项目的生产规模，妥善处理好建设项目长远规

划与近期建设的关系。近期建设项目的布置应集中紧凑，并适当地留有发展余地；在符合防火、卫生和安全生产并满足工艺要求和使用功能的前提下，应尽量减少建筑物、生产区之间的距离；应尽可能地设计外形规整的建筑物以增加场地的有效使用面积。

②结合地形、地质条件，因地制宜、依山就势地合理布置车间及设施。总平面图设计在满足生产工艺要求和使用功能条件下，应利用厂区道路将厂区按功能划分为生产区、辅助生产区、动力区、仓库区、厂前区等，各功能区的建筑物、构筑物，力求工艺流程顺畅、生产系统完整；力求物料运输简便、线路短捷，总平面布置紧凑、安全卫生、美观；避免大填大挖，防止滑坡与塌方，减少土石方量和节约用地，降低工程造价。

③合理布置厂内运输和选择运输方式。运输设计应根据工厂生产工艺要求以及建设场地等具体情况，正确布置运输线路，做到运距短、无交叉、无反复，因地制宜地选择建设投资少、运费低、载运量大、运输迅速、灵活性大的运输方式。

④合理组织建筑群体。工业建筑群体的组合设计，在满足生产功能的前提下，力求使厂区建筑物、构筑物组合设计整齐、简洁、美观，并与同一工业区相邻厂房在体形、色彩等方面相互协调。注意建筑群体的整体艺术和环境空间的统一安排，美化城市。

（2）评价厂区总平面图设计的主要技术经济指标

①建筑系数（即建筑密度）。是指厂区内（一般指厂区围墙内）的建筑物布置密度，即建筑物、构筑物和各种露天仓库及堆积场、操作场地等占地面积与整个厂区建设占地面积之比。它是反映总平面图设计用地是否经济合理的指标。

②土地利用系数。是指厂区内建筑物、构筑物、露天仓库及堆积场、操作场地、铁路、道路、广场、排水设施及地上地下管线等所占面积与整个厂区建设用地面积之比，它综合反映出总平面布置的经济合理性和土地利用效率。

③工程量指标。它是反映企业总平面图及运输部分建设投资的经济指标，包括场地平整土石方量、铁路、道路和广场铺砌面积、排水工程、围墙长度及绿化面积等。

④经营条件指标。它是反映企业运输设计是否经济合理的指标，包括铁路、无轨道路每吨货物的运输费用及其经营费用等。

2. 空间平面设计

新建工业厂房的空间平面设计方案是否合理和经济，不仅影响建筑工程造价和使用费用的高低，而且还直接影响到节约用地和建筑工业化水平的提高。要根据生产工艺流程合理布置建筑平面，控制厂房高度，充分利用建筑空间，选择合适的厂内起重运输方式，尽可能把生产设备露天或半露天布置。

（1）合理确定厂房建筑的平面布置

平面布置应满足生产工艺的要求、力求创造良好的工作条件和采用最经济合理的建造方案，其主要任务是合理确定建筑物的平面与组合形式。尽量采用统一的结构方案，减少构件类型和简化构造，使建筑物得到最有效的利用。

（2）工业厂房建筑层数的选择

选择工业厂房层数应考虑生产性质和生产工艺的要求。

①单层厂房。对于工艺上要求跨度大和层数高、拥有重型生产设备和起重设备、生产时常有较大振动和散发大量热与气体的重工

业厂房，采用单层厂房是经济合理的。

②多层厂房。对于工艺过程紧凑、采用垂直工艺流程和利用重力运输方式、设备与产品重量不大，并要求恒温条件的各种轻型车间，可采用多层厂房。多层厂房的优点是占地少、可减少基础工程量、缩短运输线路以及厂区的围墙的长度等，可以降低屋盖和基础的单方造价，缩小传热面，节约热能，经济效果显著等。

（3）合理确定建筑物的高度和层高

在建筑面积不变的情况下，高度和层高增加，工程造价也随之增加。这是因为，层高增加，墙的建造费用、粉刷费用、装饰费用都要增加；水电、暖通的空间体积与线路的增加，使造价增加；楼梯间与电梯间及其设备费用也会增加；起重运输设备及有关费用都会提高。层高和单位面积造价是成正比的，据有关资料分析，单层厂房层高每增加 1m，单位面积造价增加 $1.8\%\sim3.6\%$，年度采暖费约增加 3%；多层厂房的层高增加 0.6m，单位面积造价提高 8.3% 左右。因此在满足工艺流程和设备正常运转与操作方便及工作环境良好的条件下，应力求降低层高。

（4）尽量减少厂房的体积和面积

在不影响生产能力的条件下，要尽量减少厂房的体积和面积。为此，要合理布置设备，使生产设备向大型化和空间化发展。

3. 建筑材料与结构的选择

建筑材料与建筑结构的选择是否合理，对建筑工程造价的高低有直接影响。这是因为建筑材料费用一般占工程直接费的 70% 左右，设计中采用先进实用的结构形式和轻质高强的建筑材料能更好地满足功能要求，提高劳动生产率，经济效果明显。

（1）建筑材料的选择。选择建筑材料时，要在满足各项技术指标的要求前提下，尽量选择经济合理和质量轻、强度高的材料。

（2）建筑结构的选择。建筑结构按所用的材料可分为砖混结构、钢筋混凝土结构和大跨度结构等。建筑结构的选择要考虑建筑物的用途、地质条件、荷载的大小、建筑材料及建筑的工艺等因素；同时还要考虑当地的气候条件、施工条件及建筑造型等，在满足使用要求的前提下、尽量降低工程造价。

4. 工艺技术方案的选择

选择工艺技术方案时，应从我国实际出发，以提高投资的经济效益和企业投产后的运营效益为前提，有计划、有步骤地采用先进的技术方案和成熟的新技术、新工艺。一般而言，先进的技术方案投资大，劳动生产率高，产品质量好。最佳的工艺流程方案应在保证产品质量的前提下，用较短的时间和较少的劳动消耗完成产品的加工和装配过程。

5. 设备的选型和设计

设备的选型与设计是根据所确定的生产规模、产品方案和工艺流程的要求，选择设备的型号和数量，并按上述要求对非标准设备进行设计。在工业建设项目中，设备投资比重较大，因此，设备的选型与设计对控制工程造价具有重要的意义。

设备选型与设计应满足以下要求：

（1）尽量选择标准化、通用化和系列化生产设备。

（2）选用高效低能耗的先进设备时，要按照先进适用、稳妥可靠、经济合理的原则进行。

（3）设备选择必须首先考虑国内可供的产品，对于需要进口的设备应注意与工艺流程相适应和与有关设备配套，避免重复引进。

（4）设备选型与设计应结合企业所在地区的实际情况确定，包括动力、运输、资源、能源等具体情况。

3.1.1.2 民用建筑设计影响造价的因素

居住建筑是民用建筑中最主要的建筑，在居住建筑设计中，影响工程造价的因素主要有小区建设规划的设计、住宅平面布置、层高、层数、结构类型等。

1. 小区建设规划设计

小区规划设计必须满足人们居住和日常生活的基本需要。在节约用地的前提下，既要为居民的生活和工作创造方便、舒适、优美的环境，又要体现独特的城市风貌。在进行小区规划时，要根据小区基本功能和要求确定各构成部分的合理层次与关系。据此安排住宅建筑、公共建筑、管网、道路及绿地的布局，确定合理的人口与建筑密度、房屋间距与建筑物层数，合理布置公共设施项目、规模以及水、电、热、燃气的供应等，并划分包括土地开发在内的上述各部分的投资比例。

评价小区规划设计的主要技术经济指标有用地面积指标、密度指标和造价指标。小区用地面积指标，反映小区内居住房屋和非居住房屋、绿化园地、道路等占地面积及比重，是考察建设用地利用率和经济性的重要指标。用地面积指标在很大程度上影响小区建设的总造价。小区的居住建筑面积、居住建筑密度、居住面积密度和居住人口密度也直接影响小区的总造价。在保证小区居住功能的前提下，密度越高，越有利于降低小区的总造价。

2. 住宅建筑的平面布置

在建筑面积相同时，由于住宅建筑平面形状不同，住宅的建筑周长系数（即每平方米建筑面积所占的外墙长度）也不相同。一般来讲，正方形和矩形的住宅既有利于施工，又能降低工程造价，而在矩形住宅建筑中，又以长宽比为 1∶2 最佳。

在多层住宅建筑中，墙体所占比重大，是影响造价高低的主要因素。衡量墙体比重大小，常用墙体面积系数（墙体面积/建筑面积）。尽量减少墙体面积系数，能有效地降低工程造价。

住宅层高不宜超过 2.8m，这是因为住宅的层高和净高，直接影响工程造价。层高和净高增加，使得整体面积增加，柱体积增加，同时使基础、管线、采暖等因素随之增加，因此使工程造价增加。据某地区测算，当住宅层高从 3m 降到 2.8m 时，平均每套住宅综合造价下降 4%～4.5%，并可节约材料、能源，并有利于抗震。另外根据对室内微小气候温度、湿度、风速的测定，从室内空气洁净度要求，住宅的起居室、卧室的净高不应低于 2.4m。

3. 住宅建筑结构方案的选择

目前，我国住宅工业化建筑体系结构形式多样，如全装配式（预制装配式）结构、工具式模板机械化现浇结构等。这些工业化建筑体系的结构形式各有利弊，各地区各部门要结合实际，因地制宜，就地取材，采用适合本地区本部门的经济合理的结构形式。如北京用内浇外砌大模板住宅体系替代传统砖混住宅建筑体系，使每平方米工程造价降低 1.5% 左右。

4. 装饰标准

装饰标准的高低对住宅造价的影响很大，这要看住宅的市场定位是怎样的再来确定装饰标准。我国住宅目前的装饰一般由住户自行设计、施工，在这种情况下，建筑物设计的装饰标准可以低一些，这样可以避免重复，降低工程造价；但也有些公寓式和酒店式住宅的装饰标准高一些，工程造价也就较高。

3.1.2 设计阶段的工作目标

1. 使造价构成更合理，提高资金利用效率

在设计阶段进行工程造价的管理可以使造价构成更合理，提高资金利用效率。设计阶段工程造价的计价形式是编制设计概算，通过设计概预算可以了解工程造价的构成，分析资金分配的合理性，并可以利用价值工程理论分析项目各个组成部分功能与成本的匹配程度，调整项目功能与成本使其趋于合理。

2. 提高投资控制效率

在设计阶段对工程造价的管理可以提高投资控制效率。编制设计概算并进行分析，可以了解工程各组成部分的投资比例。对于投资比例较大的部分应作为造价管理的重点，这样可以提高工程造价管理的效率。

3. 便于技术与经济相结合

在设计阶段控制工程造价便于技术与经济相结合。由于体制和传统习惯的原因，我国的工程设计工作往往是由建筑师等专业技术人员来完成的。他们在设计过程中往往更关注工程的使用功能，力求采用比较先进的技术方法实现项目所需功能，而对经济因素考虑较少。如果在设计阶段让造价工程师参与全过程设计，使设计从一开始就建立在健全的经济基础上，在做出重要的决定时就能充分认识其经济后果。另外，投资限额一旦确定以后，设计只能在确定的

限额内进行，有利于建筑师发挥个人创造力，选择一种最经济的方式实现技术目标，从而确保设计方案能较好地体现技术与经济的结合。

4. 控制效果显著

在设计阶段控制工程造价效果最显著。工程造价控制贯穿于项目建设全过程，而设计阶段的过程造价控制是整个工程造价控制的重要阶段。图 3-1 反映了建设过程中各阶段影响工程项目投资的一般规律。

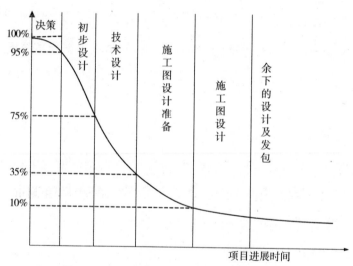

图 3-1　建设过程各个阶段对工程造价的影响

从上图可看出，设计阶段对工程造价的影响约为 20%，技术设计阶段对工程造价的影响约为 40%，施工图设计对工程造价的影响约为 40%，施工图设计准备阶段对工程造价的影响约为 25%。很显然，控制工程造价的关键在设计阶段。在设计一开始就将控制造价的思想根植于设计人员头脑中，可保证选择恰当的设计标准和合理的功能水平。

3.1.3 设计阶段的工作重点

设计阶段是分析处理工程技术和经济的关键环节，也是有效控制工程造价的重要阶段。在工程设计阶段，工程造价管理人员需要密切配合设计人员，协助其处理好工程技术先进性与经济合理性之间的关系。在初步设计阶段，要按照可行性研究报告及投资估算进行多方案比选，确定初步设计方案；在施工图设计阶段，要按照审批的初步设计内容、范围和概算造价进行技术经济评价与分析，确定施工图设计方案。

设计阶段工程造价管理的主要方法是通过多方案技术经济分析，优化设计方案；同时，通过推行限额设计和标准化设计，有效控制工程造价。

1. 设计方案比选

应用价值工程进行设计方案的比选，是在项目的成本、功能和可行性之间寻找最佳平衡点，着眼于寿命周期成本，并侧重于功能分析，在保证必要功能的前提下降低造价。

2. 设计概算的编制

设计概算是指，在初步设计（或扩大初步设计）阶段，设计单位根据初步设计（或扩大初步设计）图纸、概算定额或概算指标、地区材料价格、费用定额和有关取费标准，确定建设项目投资的经济文件。它是在设计阶段对建设项目投资额度的概略计算，设计概算投资应包括建设项目从立项、可行性研究、设计、施工、试运行到竣工验收等的全部建设资金，设计概算是初步设计文件的重要组成部分。它是在投资估算的控制下由设计单位根据初步

2013版《建设工程工程量清单计价规范》宣贯培训丛书

设计或扩大初步设计的图纸及说明，利用国家或地区颁发的概算指标、概算定额或综合指标预算定额、设备材料预算价格等资料，按照设计要求，概略地计算建筑物或构筑物造价的文件。其特点是编制工作较为简单，在精度上没有施工图预算准确。设计概算的作用如下：

（1）设计概算是编制建设项目投资计划、确定和控制建设项目投资的依据。设计概算一经批准，将作为控制建设项目投资的最高限额。竣工结算不能突破施工图预算，施工图预算不能突破设计概算。如果由于设计变更等原因建设费用超过概算，必须重新审查批准。

（2）设计概算是签订建设工程合同和贷款合同的依据。建设工程合同价款是以设计概、预算价为依据，且总承包合同不得超过设计总概算的投资额。银行贷款或各单项工程的拨款累计总额不能超过设计概算。

（3）设计概算是控制施工图设计和施工图预算的依据。设计单位必须按照批准的初步设计和总概算进行施工图设计，施工图预算不得突破设计概算。

（4）设计概算是衡量设计方案技术经济合理性和选择最佳设计方案的依据。

（5）设计概算是考核建设项目投资效果的依据。通过设计概算与竣工决算对比，可以分析和考核投资效果的好坏，同时还可以验证设计概算的准确性。

3. 施工图预算的编制

施工图预算是指在施工图设计完成后、工程施工前，根据已批准的施工图纸，按照预算定额规定的工程量计算规则计算工程量；按照现行预算定额、工程建设定额、工程建设费用定额、材料预算价格和建设主管部门规定的费用计算程序及其他取费规定等确定单位工程预算、单项工程及建设项目建筑安装工程造价的技术和经济指标。

施工图预算编制的核心及关键是"量"、"价"、"费"三要素，即工程量要计算准确，定额及基价确定水平要合理，取费标准要符合实际，这样才能综合反映工程产品价格确定的合理性。施工图预算反映工程建设项目所需的人力、物力、财力及全部费用的文件，是施工图设计文件的重要组成部分，是控制施工图设计不突破设计概算的重要措施。

施工图预算作为建设工程程序中一个重要的技术经济文件，在工程建设实施过程中具有十分重要的作用，可以归纳为以下几个方面：

（1）施工图预算对投资方的作用

①施工图预算是控制造价及资金合理使用的依据。施工图预算确定的预算造价是工程的计划成本，投资方按施工图预算造价筹集建设资金，并控制资金的合理使用。

②施工图预算是确定工程招标控制价的依据。在设置招标控制价的情况下，建筑安装工程的招标控制价可按照施工图预算来确定。招标控制价通常是在施工图预算的基础上考虑工程的特殊施工措施、工程质量要求、目标工期、招标工程范围以及自然条件等因素进行编制。

③施工图预算是确定标底的依据。

④施工图预算是拨付进度款及办理结算的依据。

（2）施工图预算对施工企业的作用

①施工图预算是建筑施工企业投标时"报价"的参考依据。在激烈的建筑市场竞争中，建筑施工企业需要根据施工图预算造价，结合企业的投标策略，确定投标报价。

②施工图预算是建筑工程预算包干的依据和签订施工合同的主要内容。在采用总价合同的情况下，施工单位通过与建设单位的协商，可在施工图预算的基础上，考虑设计或施工变更后可能发生的费用与其他风险因素，增加一定系数作为工程造价一次性包干。同样，施工单位与建设单位签订施工合同时，其中的工程价款的相关条款也必须以施工图预算为依据。

③施工图预算是施工企业安排调配施工力量，组织材料供应的依据。施工单位各职能部门可根据施工图预算编制劳动力供应计划和材料供应计划，并由此做好施工前的准备工作。

④施工图预算是施工企业控制工程成本的依据。根据施工图预算确定的中标价格是施工企业收取工程款的依据，企业只有合理利用各项资源，采取先进技术和管理方法，将成本控制在施工图预算价格以内，企业才会获得良好的经济效益。

⑤施工图预算是进行"两算"对比的依据。施工企业可以通过施工图预算和施工预算的对比分析，找出差距，采取必要的措施。

（3）施工图预算对其他方面的作用

①对于工程咨询单位来说，可以客观、准确地为委托方做出施工图预算，以强化投资方对工程造价的控制，有利于节省投资，提高建设项目的投资效益。

②对于工程造价管理部门来说，施工图预算是其监督检查执行定额标准、合理确定工程造价、测算造价指数及审定工程招标控制价的重要依据。

3.2 设计方案比选

3.2.1 设计方案比选的依据

设计方案比选的依据主要包括以下几部分：

1. 国家文件和规定

国家文件和规定是指国家制定的有关设计的法律法规、管理条例、通行文件等，如《建设工程勘察设计管理条例》（国务院［2000］第 293 号）、《工程建设标准强制性条文》（房屋建筑部分）等。

2. 设计规范

建筑设计规范及内容广泛，主要包括国家标准和行业标准两类。

（1）工程建设国家标准，包括各种设计规范和设计标准，如《住宅设计规范》（GB50096—2011）、《公共建筑节能设计标准》（GB50189—2005）、《建筑给水排水设计规范》（GB50015—2003、（2009 年版））、《民用建筑设计通则》（GB50352—2005）等；

（2）工程建设行业标准，包括各类建设工程设计规范和设计标准，如《城市桥梁设计规范》（CJJ11—2011）、《城市道路工程设计规范》（CJJ37—2012）、《综合医院建筑设计规范》（JGJ49—2007）、《住宅建筑电气设计规范》（JGJ242—2011）等；

3. 业主要求

委托人按约定提供的项目设计方案及相关的技术经济文件，有关文件、合同、协议等，是建设工程咨询合同及委托方的要求。主要包括：

(1) 设计说明书，包括各专业设计说明以及投资估算的内容；

(2) 设计总平面设计以及建筑设计图纸；

(3) 设计委托或合同中规定的透视图、鸟瞰图、模型等；

(4) 设计方案相关技术经济资料文件；

(5) 委托方对项目设计方案的限定条件和要求。

3.2.2　设计方案比选的程序

价值工程的特点是有组织的活动，需要按照一定的程序通过集体群组式的工作方式去执行。价值工程以功能分析为核心，有一套完整的提出问题、分析问题、解决问题的科学过程，包括研究对象的选择、资料的收集整理、功能分析、方案评价等步骤，如图 3-2 所示。

1. 对象选择

在设计阶段应用价值工程进行方案比选，应以结构复杂、性能和技术指标差距大、对造价影响大的对象进行价值工程活动，这样可使研究对象在结构、性能、技术水平、造价等方面得到优化，从而提高价值。常用的对象比选方法包括经验分析法、ABC 分析法、价值指数法、强制确定法、百分比法等，各方法及适用条件如表 3-1 所示。

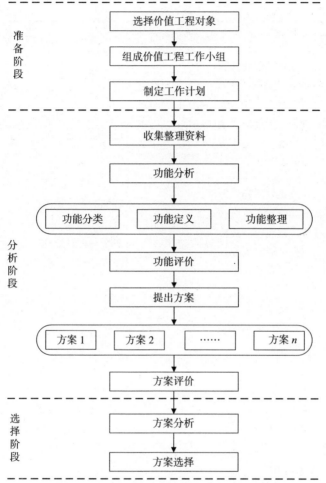

图 3-2 运用价值工程实现设计方案优化的应用程序

表 3-1 对象选择方法适用条件

方法名称	含　义	适用条件	特　点	备　注
经验分析法（因素分析法）	在全面分析研究对象的各种因素的基础上，凭借分析人员的经验集体研究确定选择对象	被研究对象彼此相差较大及时间紧迫情况下适用	简便易行；但缺乏定量依据，准确性较差	

续表

方法名称	含　义	适用条件	特　点	备　注
ABC 分析法（重点选择法）	根据研究对象按数量和成本分别列队，找出占成本比重大、占数量比重小的 A、B 类作为分析对象	成本合理分配时适用	简便易行；但在成本分配不合理时，可能会漏选对象	可与经验分析法、强制确定法结合使用
价值指数法	通过比较研究对象间功能水平位次和成本位次，寻找价值较低的对象作为研究对象	有成本、功能数据时适用	客观准确，受对主观因素影响小，方便易行；但受数据因素制约	
强制确定法	以功能重要程度来选择研究对象	待研究对象间功能差别不大且较均匀时适用	简便适用；但受主观因素影响较大	待研究方案较多时，结合 ABC 分析法、经验分析法使用
百分比法	根据各部分费用所占比重选择对象	有成本、功能数据时适用	简便易行，受制约性小；但片面性强	

2. 功能分析

建筑功能是指建筑产品满足社会需要的各种性能的总和，不同的建筑产品有不同的使用功能，它们通过一系列建筑因素体现出来，反映建筑物的使用要求。功能分析是价值工程活动的核心和基本内容，对于一个要分析的对象如何把握、表达、明确其功能特性，直接关系到其价值的评价值。功能分析一般包括功能分类、功能定义和功能整理等三部分内容。

（1）功能分类

根据功能的不同特性，可将功能从不同的角度进行分类。通过功能分类，应弄清哪些功能是必要的，哪些功能是不必要的，从而在需要比选的方案中去掉不必要的功能，补充不足的功能，使方案的功能结构更加合理，达到可靠地实现使用者所需功能的目的。

（2）功能定义

功能定义要求以简洁的语言对研究对象的功能加以描述，是对功能加以解剖的过程。功能定义要求要抓住问题的本质，反复推敲，简明准确，同时要便于测定和量化。通过功能定义，可以加深对产品功能的理解，并为后阶段提出功能代用方案提供依据。

（3）功能整理

功能整理是对已定义的功能加以系统化的过程，通过明确各功能间相互的上下级逻辑关系，建立功能系统图，为功能评价和方案构思提供依据。

3. 功能评价

功能评价主要指评定功能的价值，是通过比较功能目标成本与现实成本的差异，选择功能价值低、改善期望值大的功能作为价值工程活动对象的过程。功能评价可以分为成本指数的确定、功能指数的确定和功能价值系数的确定等三个步骤。

（1）成本指数 C 的确定

根据各评价对象功能/方案现实成本在全部成本中所占比率，确定功能/方案成本指数：

$$第 i 个功能/方案成本指数 \ C_I = \frac{第 i 个功能/方案现实成本 \ C_i}{全部成本 \sum C_i}$$

（2）功能指数 F 的确定

2013版《建设工程工程量清单计价规范》宣贯培训丛书

　　功能指数是指评价对象的功能在整体功能中所占的比率，需要通过打分法加以确定。评分方法可分为综合方案功能评分法和分项方案功能评分法两类，综合方案功能评分法包括 0～1 评分法、0～4 评分法、环比评分法等三种，分项方案功能评分法主要通过加权评分的方法实现。

　　①综合方案功能评分法

　　综合方案功能评分法是指在综合考虑方案评价各指标的基础上，对比选方案进行综合打分的方法，可以直接得到方案的综合功能得分并求出方案的功能指数。综合方案功能评分主要包括直接评分法、0～1 评分法、0～4 评分法、环比评分法等三种评分方法。

　　a. 直接评分法

　　依靠评价人的感觉和经验，根据各方案的功能重要度进行直接打分，并计算出各方案总得分，将各方案总得分与所有方案总得分相比，得到功能指数，如表 3-2 所示。需注意的是，在各评价人对各方案直接打分时，对总得分没有要求，只要评价人认为得分比例或分值的分布合理即可。

表 3-2　　　　　　直接评分法方案功能指数计算表

方案	直接评分			总得分	功能指数
	评价人 1 评分	评价人 2 评分	评价人 3 评分		
F_1	1	3	3	7	0.08
F_2	2	4	5	11	0.12
F_3	6	9	8	23	0.26
F_4	10	11	9	30	0.34
F_5	8	5	5	18	0.20

第 i 个方案的功能指数 $F_i = \dfrac{\text{第 } i \text{ 个方案的直接评分总得分} F_i}{\text{所有方案直接评分总得分之和} \sum F_i}$

b. 0～1 评分法

列出方案评价矩阵表，请熟悉评价对象各方案的评价人对方案进行评价，按照重要程度——对比打分，相对重要的打 1 分，相对不重要的打 0 分，各方案自己与自己相比较的不得分（用"×"表示），保持对角线上的数据之和为 1，并计算出各功能的累计得分。根据方案累计得分情况，据实确定是否有修正的必要，若需要修正，则将各方案累计得分加 1 进行修正。最后根据各方案的累计得分情况，计算方案功能指数，如表 3-3 所示。

第 i 个方案的功能指数 $F_i = \dfrac{\text{第 } i \text{ 个方案的累计得分} F_i}{\text{所有方案累计得分之和} \sum F_i}$

表 3-3　　　　0～1 评分法方案功能指数计算表

方案	F_1	F_2	F_3	F_4	F_5	功能累计得分	修正得分	功能指数
F_1	×	1	1	0	1	3	4	0.267
F_2	0	×	1	0	1	2	3	0.200
F_3	0	0	×	0	1	1	2	0.133
F_4	1	1	1	×	1	4	5	0.333
F_5	0	0	0	0	×	0	1	0.067
合计						10	15	1.00

③0～4 评分法

与 0～1 评分法类似，仅在打分中将分档扩大为 4 级，档次划分如下：

F_A 比 F_B 重要得多：　　　　　　F_A 得 4 分，F_B 得 0 分；

F_A 比 F_B 重要：　　　　　　　　F_A 得 3 分，F_B 得 1 分；

F_A 与 F_B 同等重要： $\qquad$ F_A 得 2 分，F_B 得 2 分；

F_A 不如 F_B 重要： $\qquad$ F_A 得 1 分，F_B 得 3 分；

F_A 远不如 F_B 重要： $\qquad$ F_A 得 0 分，F_B 得 4 分。

0～4 评分法修正方案功能得分和计算方案功能指数的步骤与 0～1 评分法类似，仅在打分时将档次划分扩大，且保持对角线上的数据之和为 4。

d. 环比评分法

对上下相邻的两个方案的重要性进行对比打分，所打的分作为暂定方案功能指数。如表 3-4 中第（2）栏数据，将 F_1 与 F_2 对比，若 F_1 的重要性是 F_2 的 1.5 倍，则将 1.5 记入第（2）栏内，同样，F_2 与 F_3 对比为 2.0 倍，F_3 与 F_4 对比为 3.0 倍。对暂定方案功能指数进行修正，将最后一项功能 F_4 的修正方案功能指数定为 1.0，填入第（3）栏。通过第（2）栏可知，F_3 的重要性是 F_4 的 3 倍，故 F_3 的修正功能指数为 3.0（3.0×1.0），同理，F_2 的修正方案功能指数为 6.0（3.0×2.0），F_1 的修正方案功能指数为 9.0（6.0× 1.5）。根据修正方案功能指数的情况，计算方案功能指数。

表 3-4 　　　　　　　　　环比评分法功能指数计算表

方案	方案功能重要性评价		
	暂定方案功能指数	修正方案功能指数	方案功能指数
（1）	（2）	（3）	（4）
F_1	1.5	9.0	0.47
F_2	2.0	6.0	0.32
F_3	3.0	3.0	0.166
F_4		1.0	0.05
合计		19.0	1.00

②分项方案功能评分法

分项方案功能评分法主要是对各方案中的各功能评价指标分别进行评分，再按照功能评价指标的重要性程度给各功能评价指标分配权重，最终通过各功能评价指标得分与权重的乘积得到方案的综合功能得分，据此确定方案的功能指数。分项方案功能评分可以根据直接评分法确定，也可结合 0~1 评分法、0~4 评分法、环比评分法等评分方法确定。

（3）功能价值系数 V 的确定

通过上述两个步骤计算出成本指数 C 和功能指数 F 后，需要根据价值工程公式 $V=F/C$ 计算功能价值系数。

4. 价值分析与改进

功能价值系数的计算结果有以下三种情况：

（1）$V=1$。此时评价对象的功能比重与成本比重大致平衡，合理匹配，可以认为功能的现实成本是比较合理的。

（2）$V<1$。此时评价对象的成本比重大于其功能比重，表明对于系统内的其他对象而言，目前所占的成本偏高，从而会导致该对象的功能过剩。应将评价对象列为改进对象，改善方向主要是降低成本。

（3）$V>1$。此时评价对象的成本比重小于其功能比重。出现这种结果可能有三种原因：第一，由于现实成本偏低，不能满足评价对象实现其应具有的功能要求，致使对象功能偏低，这种情况应列为改进对象，改善方向是增加成本；第二，对象目前具有的功能已经超过其应该具有的水平，即存在过剩功能，这种情况应列为改进对象，改善方向是降低功能水平；第三，对象在技术、经济等方面具有某些特征，在客观上存在着功能很重要而需要消耗的成本却很少的情况，这种情况一般不列为改进对象。

在设计方案比选过程中，应尽量选择价值系数靠近 1 的设计方案；在设计方案改进过程中，应选择 $V<1$ 和部分 $V>1$ 的方案进行改进。

3.2.3　设计方案比选的方法

设计方案比选的方法有很多，主要有目标规划法、层次分析法、模糊综合评价法、灰色综合评价法、价值工程法和人工神经网络法等，较常用的方法是价值工程法。

价值工程（Value Engineering，简称 VE）是从合理利用资源发展起来的一门软科学管理技术，如今已发展成为一门比较完善的管理技术，并在实践中形成了一套科学的实施程序。其计算如下：

$$V=\frac{F}{C}$$

式中　V（Value）——价值系数；

　　F（Function）——功能系数；

　　　C（Cost）——成本系数。

价值工程主要用于研究对象功能的提高与改进，通过提高功能（F）或降低成本（C）来提升价值（V）。其目标是以最低的寿命周期成本，使研究对象具备它所必须具备的功能。它将研究对象的价值、功能和成本作为一个整体同时考虑，以功能分析为核心，将其定量化并转化为能够与成本直接相比的量化值，强调不断地改革和创新以达到提高研究对象价值的目的。提高价值的途径有以下五种：

（1）在提高研究对象功能的同时，又降低成本，这是提高价值最为理想的途径，但对生产者要求较高，往往要借助科学技术的突破才能实现；

（2）保持研究对象成本不变，通过提高功能，提高利用资源的效果或效用，达到提高价值的目的；

（3）保持研究对象功能不变，通过降低寿命周期成本，达到提高价值的目的；

（4）研究对象功能有较大幅度提高，成本有较少提高；

（5）研究对象功能略有下降，成本大幅度降低。

随着价值工程应用范围的扩展，逐渐也应用于多方案间的优选比较，即计算互斥方案的价值系数，选择价值系数靠近 1 的功能与成本匹配程度较高的方案为较优方案。

3.2.4 设计方案比选的注意事项

1. 应根据待比选设计方案实际情况选择恰当的比选依据和标准。

设计方案比选的依据主要包括两类，即工程建设国家及行业标准和委托人提供的项目设计方案及相关资料。由于工程建设标准种类繁多，适用范围也各不相同，在进行设计方案比选过程中，应严格根据委托人提供的设计方案及相关资料选择合适的工程建设标准，以确保设计方案比选结果的正确合理性。

2. 确保待比选方案的可行性及具备满足用户需求的必要功能，不能盲目追求成本降低而删减必要功能或使方案不具备可行性。

3. 在通过价值系数选择设计方案的过程中，应尽量选择价值系数靠近 1 的方案，不能一味追求价值系数越大越好，因为价值系数过高有可能带来功能过剩、成本不能满足必要功能实现等问题。

3.3 设计概算的管理

3.3.1 设计概算编制的依据

1. 国家法律法规或行业标准

(1)《建设项目总投资组成及其他费用规定》(中价协〔2003〕17 号);

(2)《建筑安装工程费用项目组成》(建标〔2013〕44 号);

(3)《工程造价咨询业务操作指导规程》(中价协〔2002〕第 016 号);

(4)《建设项目设计概算编审规程》(CECA/GC 2—2007);

(5)《建设项目全过程造价咨询规程》(CECA/GC 4—2009)。

2. 相关文件和费用资料

(1)初步设计或扩大初步设计图纸、设计说明书、设备清单和材料表等。其中,土建工程包括建筑总平面图、平面图与立面图、剖面图和初步设计文字说明(注明门窗尺寸、装修标准等),结构平面布置图、构件尺寸及特殊构件的钢筋配置;安装工程包括给排水、采暖、通风、电气、动力等专业工程的平面布置图、系统图、文字说明和设备清单等;室外工程包括平面图、土石方工程量,道路、挡土墙等构筑物的断面尺寸及有关说明。

(2)批准的建设项目设计任务书(或批准的可行性研究报告)和主管部门的有关规定。

(3)国家或省、市、自治区现行的各种价格信息和计费标准,包括:

①国家或省、市、自治区现行的建筑设计概算定额（综合预算定额或概算指标），现行的安装设计概算定额（或概算指标），类似工程概预算及技术经济指标；

②建设工程所在地区的人工工资标准、材料预算价格、施工机械台班预算价格，标准设备和非标准设备价格资料，现行的设备原价及运杂费率；

③国家或省、市、自治区现行的建筑安装工程间接费定额和有关费用标准。工程所在地区的土地征购、房屋拆迁、青苗补偿等费用和价格资料。

（4）资金筹措方式或资金来源；

（5）正常的施工组织设计；

（6）项目涉及的有关文件、合同、协议等。

3. 施工现场资料

概算编制人员应熟悉设计文件，掌握施工现场情况，充分了解设计意图，掌握工程全貌，明确工程的结构形式和特点。掌握施工组织与技术应用情况，深入施工现场了解建设地点的地形、地貌及作业环境，并加以核实、分析和修正。主要包括的现场资料如下：

（1）建设场地的工程地质、地形地貌等自然条件资料和建设工程所在地区的有关技术经济条件资料。

（2）项目所在地区有关的气候、水文、地质地貌等自然条件。

（3）项目所在地区的经济、人文等社会条件。

（4）项目的技术复杂程度，以及新工艺、新材料、新技术、新结构、专利使用情况等。

（5）建设项目拟定的建设规模、生产能力、工艺流程、设备及技术要求等情况。

（6）项目建设的准备情况，包括"三通一平"，施工方式的确定，施工用水、用电的供应等诸多因素。

4. 设计概算编制咨询合同

3.3.2　设计概算编制的程序

若干个单位工程概算汇总后成为单项工程综合概算，若干个单项工程综合概算和工程建设其他费用、预备费、建设期利息等概算文件汇总成为建设项目总概算。单项工程综合概算和建设项目总概算仅是一种归纳、汇总性文件，因此，最基本的计算文件是单位工程概算书。建设项目若为一个独立单项工程，则建设项目总概算书与单项工程综合概算书可合并编制。

在设计概算编制前期准备的条件下，通过对所收集到的各项基础资料的充分研究和熟悉，合理选用编制依据，明确取费标准，计算各项费用，得出单位工程概算、单项工程综合概算和建设项目总概算。设计概算的编制如图 3-3 所示。

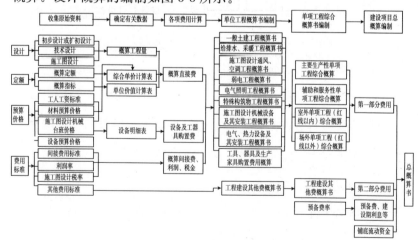

图 3-3　设计概算的编制流程

3.3.3 设计概算编制的方法

3.3.3.1 单位工程概算编制

单位工程概算是确定某一种单项工程中的某个单位工程建设费用的文件，是单项工程综合概算的组成部分。单位工程概算包括建筑工程概算、设备及安装工程概算两大类。建筑工程概算是一个独立工程中分专业工程计算费用的概算文件，分为土建工程概算、给排水和采暖工程概算、通风和空调工程概算、电气和照明工程概算、弱电工程概算、特殊构筑物工程概算。设备及安装工程概算分为机械设备及安装工程概算、电气设备及安装工程概算、热力设备及安装工程概算等，如图 3-4 所示。

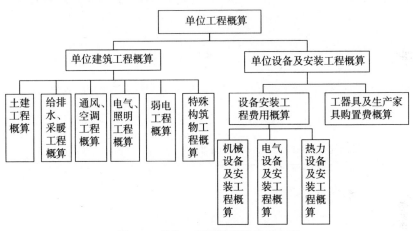

图 3-4 单位工程概算书的组成内容

编制单位建筑工程概算的方法包括：概算定额计价法、概算指标法、类似工程预算法。

1. 概算定额计价法

（1）适用条件

概算定额计价法又叫扩大单价法或扩大结构定额法。运用概算定额法，要求初步设计必须达到一定深度要求，建筑结构尺寸比较明确，能按照初步设计的平面图、立面图、剖面图纸计算出楼地面、墙身、门窗和屋面等扩大分项工程（或扩大结构构件）项目的工程量。

（2）编制方法

①搜集基础资料、熟悉设计图纸和了解施工条件和施工方法。

②列出单位工程中分项工程或扩大分项工程项目名称并计算工程量。

工程量计算准确与否，会直接影响工程造价的准确性，因此，计算工程量必须认真仔细，按照一定的方法，并遵循一定的原则。工程量的计算顺序是先底层，后顶层；先结构，后建筑。对某一张图纸而言，一般是按顺时针方向先左后右，先横后竖，由上而下的计算。

工程量计算方法，实际上就是工程量的计算顺序。一般有以下四种：

第一，按施工先后顺序计算，即从平整场地、基础挖土算起，直到装饰工程等全部施工内容结束为止。用这种方法计算工程量，要求具有一定的施工经验，能掌握全部施工的过程，并且要求对定额和图纸的内容十分熟悉，否则容易漏项。

第二，按"基础定额"或单位估价表的分部分项顺序计算，即按概算定额的章节、分部分项顺序，由前到后，逐项对照，核对定额项目内容与图纸内容设计内容一致的内容，即可计算工程量。这种方法要求熟悉设计图纸，有较好的工程设计基础知识，同时还应注意设计图纸是否是按使用要求涉及的,其建筑造型、内外装修、结构形式以及室内设施千变万化,有些设计还采用了新工艺、新材料和新设计,或有些零星项目可能套不上定额项目,在计算工程量时,应单列补充定额或补充单位估价表做准备。

第三,按轴线编号顺序计算工程量。这种方法适用于计算外墙挖地槽、基础、墙砌体、装饰等工程。

第四,统筹法计算工程量。根据各分项工程量计算之间的固有规律和相互之间依赖关系,运用统筹原理和统筹图来合理安排工程量的计算程序,并按其顺序计算工程量。计算工程量的基本要点是:统筹程序、合理安排;利用基数、连续计算;一次计算、多次使用;结合实际、机动灵活。

③确定各分部分项工程项目的概算定额单价。

工程量计算准确完毕后,即可按照概算定额中各分部分项中的顺序,查概算定额的相应项目,将名称项目、定额编号、工程量及其计量单位、定额单价和人工、材料消耗指标,分别列入工程概算表和工料分析表的相应栏内。

④计算各工程分项工程的直接工程费,汇总得到单位工程的直接工程费。

将确定的各扩大分项工程定额单价与工程量相乘,就可以得到各工程分项工程的直接工程费。汇总后就可以得到单位工程的直接工程费。

⑤计算措施费。

依据当地地区的相关规定和取费标准,计算出措施费。直接工程费与措施费汇总,即成直接费。

计算式：直接费＝直接工程费(人工费＋材料费＋施工机械费)

＋措施费

⑥计算间接费、利润和税金。

根据直接费、各项费用取费标准，计算间接费。再计算利润、税金及其他费用。

计算式：间接费＝直接费×间接费费率

利润＝(直接费＋间接费)×利润率

税金＝(直接费＋间接费＋利润)×税金税率

⑦计算单位工程概算造价。

计算式：单位工程概算造价＝直接费＋间接费＋利润＋税金

⑧编制每平方米建筑面积造价。

用单位工程概算造价除以总建筑面积，即可得每平方米建筑面积造价。

⑨编制单位建筑工程概算文件，并由相关专业人员签字盖章。

2. 概算指标法

(1) 适用条件

①在方案设计中，由于设计无详图而只有一个概念性的轮廓时，或图纸尚不完备而无法计算工程量时，可以选定一个与该工程相似类型的概算指标编制概算。

②设计方案急需造价估算时，选择一个相似结构类型的概算指标来编制概算。

③图样设计间隔很久后来再实施，概算造价不适用于当前情况而又急需确定造价的情形下，可按当前概算指标来修正原有概算造价。

④通用设计图设计可组织编制通用图设计概算指标，来确定造价。

（2）编制方法

概算指标编制方法由直接套用概算指标编制概算和通过换算概算指标编制。

①直接套用概算指标编制概算

如果拟建工程项目中，在设计结构上与概算指标中某已建建筑物相符，则可套用概算指标进行编制。但根据所选用的概算指标的内容不同，可选用两种计算方法：

第一，直接套用是直接工程费指标的编制方法。该法是用拟建的厂房、住宅的建筑面积（或体积）乘以技术条件相同或基本相同工程的每平方米（或每立方米）的直接工程费指标，得出直接工程的直接工程费，然后按规定计算出措施费、间接费、利润和税金等，即可求出单位工程的概算造价。

这种简化方法的计算结果参照的是概算指标编制时期的价值标准，未考虑拟建工程建设时期与概算指标编制时期的价差，所以在计算直接工程费后还应用物价指数另行调整。

第二，以概算指标中规定的每 100 平方米的造价或人工、主要材料消耗量为依据，首先计算人工、主要材料费，再套用的人工、材料消耗指标计算直接工程费，最后计取各项规定的费用。计算公式如下：

$$\text{每 100m}^2\text{ 建筑面积人工费} = \text{指标人工工日数} \times \text{地区日工资标准}$$

$$\text{每 100m}^2\text{ 建筑面积主要材料费} = \text{主要材料数量} \times \text{地区材料预算价格}$$

$$\begin{aligned}\text{每 }100\text{m}^2\text{ 建筑}\\\text{面积其他材料费}\end{aligned}=\text{主要材料费}\times\begin{aligned}\text{其他材料费占主要}\\\text{材料费的百分比}\end{aligned}$$

$$\begin{aligned}\text{每 }100\text{m}^2\text{ 建筑}\\\text{面积机械使用费}\end{aligned}=(\text{人工费}+\text{主要材料费}+\text{其他材料费})\times$$

$$\text{机械使用费所占百分比}$$

$$\begin{aligned}\text{每 }100\text{m}^2\text{ 建筑}\\\text{面积直接工程费}\end{aligned}=\text{人工费}+\text{主要材料费}+\text{其他材料费}+$$

$$\text{施工机械费用}$$

同样，根据直接费，结合其他各项取费方法，计算措施费、间接费、利润和税金，得到每平方米建筑面积的概算单价，乘以拟建单位工程的建筑面积，即可得到单位工程概算单价。

②通过换算概算指标编制概算

在实际工作中，新结构、新技术、新材料的应用，设计也在不断地发展和提高，同时概算指标是一种经验积累，但具有滞后性，不能反映新的工程特征。因此，在套用概算指标时，涉及的内容不可能完全符合相对滞后的概算指标中所规定的结构特征。此时，就不能简单地按照类似的或最相近的概算指标换算，而必须根据其差别情况，对其中某一项或某几项不符合设计要求的内容，分别加以修正或换算。经换算后的概算指标，方可使用。调整方法如下：

第一，设计对象的结构特征与概算指标有局部差异时的调整

结构变化修正概算指标(元/m²)$=J+Q_1P_1-Q_2P_2$

式中　J——原概算指标；

　　Q_1——换入新结构的数量；

　　Q_2——换出旧结构的数量；

2013版《建设工程工程量清单计价规范》宣贯培训丛书

P_1——换入新结构的单价；

P_2——换出旧结构的单价。

或：

$$\begin{array}{l}\text{结构变化修正} \\ \text{概算指标的工、} \\ \text{料、机数量}\end{array} = \begin{array}{l}\text{原概算指标的} \\ \text{工、料、机数量}\end{array} + \begin{array}{l}\text{换入结构} \\ \text{件工程量}\end{array} \times \begin{array}{l}\text{相应定额工、} \\ \text{料、机消耗量}\end{array}$$

$$- \begin{array}{l}\text{换出结构} \\ \text{件工程量}\end{array} \times \begin{array}{l}\text{相应定额工、} \\ \text{料、机消耗量}\end{array}$$

以上两种方法，前者是直接修正结构件指标单价，后者是修正结构件指标人工、材料、设备数量。

第二，设备、人工、材料机械台班费用的调整

$$\begin{array}{l}\text{设备、人工、} \\ \text{材料、机械修} \\ \text{正概算费用}\end{array} = \begin{array}{l}\text{原概算指标的} \\ \text{设备、人工、材} \\ \text{料、机械费用}\end{array} + \sum\left(\begin{array}{l}\text{换入设备、人工、} \\ \text{材料、机械数量}\end{array} \times \begin{array}{l}\text{拟建地区} \\ \text{相应单价}\end{array}\right) -$$

$$\sum\left(\begin{array}{l}\text{换出设备、人工、} \\ \text{材料、机械数量}\end{array} \times \begin{array}{l}\text{原概算指标设备、人} \\ \text{工、材料、机械单价}\end{array}\right)$$

3. 类似工程预算法

（1）适用条件

类似工程预算法是利用技术条件与设计对象相类似的已完工程或在建工程的工程造价资料来编制工程设计概算的方法。由于类似法对条件有所要求，也就是可比性，对拟建工程项目在建筑面积、结构构造特征要与已建工程基本一致，如层数相同、面积相似、结构相似、工程地点相似等。

（2）编制方法

对于已建工程的预算或在建工程的预算与拟建工程差异的部分进行调整。这些差异可分为两类，第一类是由于工程结构上的差异，

第二类是人工、材料、机械使用费以及各种费率的差异。对于第一类差异可采取换算概算指标的方法进行换算，对于第二类差异可采用两种方法：

①类似工程造价资料有具体的人工、材料、机械台班的用量时，可按类似工程预算造价资料中的主要材料用量、工日数量、机械台班用量乘以拟建工程所在地的主要材料预算价格、人工单价、机械台班单价，计算出直接工程费，再乘以当地的综合费率，即可得出所需的造价指标。

②类似工程造价资料只有人工、材料、机械台班费用和措施费、间接费时，编制修正系数的方法予以解决。

首先，在编制修正系数之前，应求出类似工程预算的人工、材料、机械使用费、其他直接费及综合费（间接费与利润、税金之和）在预算造价中所占的权重（分别用 f_1、f_2、f_3、f_4、f_5 表示），然后再求出这五种因素的修正系数（分别用 k_1、k_2、k_3、k_4、k_5），最后用下列式子求出预算造价总修正系数 k。

$$K = f_1k_1 + f_2k_2 + f_3k_3 + f_4k_4 + f_5k_5$$

k_1、k_2、k_3、k_4、k_5 分别表示人工费、材料费、机械使用费、其他直接费和综合费修正系数。计算公式如下：

k_1＝拟建工程概算的人工费（或工资标准）/类似工程概算的人工费（或地区工资标准），k_2、k_3、k_4、k_5 类似。

计算出修正系数后，可按下列公式求出：

$$D = A \cdot K$$

式中　D——拟建工程单方概算造价；

　　　A——类似工程单方预算造价；

2013版《建设工程工程量清单计价规范》宣贯培训丛书

3.3.3.2 单位设备及安装工程概算编制

1. 设备购置费概算的编制

设备购置费由设备原价和设备运杂费构成。设备原价指国产设备或进口设备的原价；设备运杂费指除设备原价之外的关于设备采购、运输、途中包装及仓库保管等方面支出费用的总和。按设备原价的性质不同，设备原价分为国产标准设备原价、国产非标准设备原价和进口设备原价。

（1）编制依据：设备清单、工艺流程图；各部、省、市、自治区规定的现行设备价格和运费标准、费用标准。

（2）国产标准设备原价的编制

国产标准设备是指按照主管部门颁布的标准图纸和技术要求，由我国设备生产厂批量生产的，符合国家质量检测标准的设备。国产标准设备原价有两种，即带有备件的原价和不带有备件的原价。在计算时，一般采用带有备件的原价。国产标准设备一般有完善的设备交易市场，因此可通过查询相关交易市场价格或向设备生产厂家询价得到国产标准设备原价。

（3）国产非标准设备原价的编制

国产非标准设备是指国家尚无定型标准，各设备生产厂不可能在工艺过程中采用批量生产，只能按订货要求，并根据具体的设计图纸制造的设备。非标准设备由于单件生产、无定型标准，所以，无法获取市场交易价格，只能按其成本构成或相关技术参数估算其价格。非标准设备原价有多种不同的计算方法，如成本计算估价法、系列设备插入估价法、分部组合估价法、定额估价法等。但无论采用哪种方法都应该使非标准设备计价接近实际出厂价，并且计算方法要简便。成本计算估价法是一种比较常用的估算非标准设备原价的方法。按成本计算估价法，非标准设备的原价由以下各项组成：

①材料费。其计算公式如下：

材料费＝材料净重×(1＋加工损耗系数)×每吨材料综合价

②加工费。包括生产工人工资和工资附加费、燃料动力费、设备折旧费、车间经费等。其计算公式如下：

加工费＝设备总重量(吨)×设备每吨加工费

③辅助材料费（简称辅材费）。包括焊条、焊丝、氧气、氩气、氮气、油漆、电石等费用。其计算公式如下：

辅助材料费＝设备总重量×辅助材料费指标

④专用工具费。按①～③项之和乘以一定百分比计算。

⑤废品损失费。按①～④项之和乘以一定百分比计算。

⑥外购配套件费。按设备设计图纸所列的外购配套件的名称、型号、规格、数量、重量，根据相应的价格加运杂费计算。

⑦包装费。按以上①～⑥项之和乘以一定百分比计算。

⑧利润。可按①～⑤项加第⑦项之和乘以一定利润率计算。

⑨税金，主要指增值税。计算公式为：

增值税＝当期销项税额－进项税额

当期销项税额＝销售额×适用增值税率

⑩非标准设备设计费：按国家规定的设计费收费标准计算。

综上所述，单台非标准设备原价可用下面的公式表达：

单台非标准设备原价＝{[（材料费＋加工费＋辅助材料费）×

(1＋专用工具费率)×(1＋废品损失费率)＋

外购配套件费]×(1＋包装费率)－

外购配套件费}×(1＋利润率)＋

销项税额＋非标准设备设计费＋

外购配套件费

(4) 进口设备原价的编制

进口设备费用分外币和人民币两种支付方式，外币部分按美元或其他国家主要流通货币计算。进口设备的原价是指进口设备的抵岸价，通常是由进口设备到岸价（CIF）和进口从属费构成。进口设备的到岸价，即抵达买方边境港口或边境车站的价格。在国际贸易中，交易双方所使用的交货类别不同，则交易价格的构成内容也有所差异。进口从属费用包括银行财务费、外贸手续费、进口关税、消费税、进口环节增值税等，进口车辆的还需缴纳车辆购置税。进口设备到岸价的构成及计算公式：

$$进口设备到岸价(CIF)＝离岸价格(FOB)＋国际运费＋$$

$$运输保险费$$

$$＝运费在内价(CFR)＋运输保险费$$

①货价。一般指装运港船上交货价（FOB）。设备货价分为原币货价和人民币货价，原币货价一律折算为美元表示，人民币货价按原币货价乘以外汇市场美元兑换人民币汇率中间价确定。进口设备货价按有关生产厂商询价、报价、订货合同价计算。

②国际运费。即从装运港（站）到达我国目的港（站）的运费。我国进口设备大部分采用海洋运输，小部分采用铁路运输，个别采用航空运输。进口设备国际运费计算公式为：

国际运费(海、陆、空)＝原币货价(FOB)×运费率

国际运费(海、陆、空)＝单位运价×运量

③运输保险费。对外贸易货物运输保险是由保险人（保险公司）与被保险人（出口人或进口人）订立保险契约，在被保险人交付议定的保险费后，保险人根据保险契约的规定对货物在运输过程中发生的承保责任范围内的损失给予经济上的补偿。计算公式为：

$$运输保险费=\frac{原币货价(FOB)+国外运费}{1-保险费率}×保险费率$$

其中，保险费率按保险公司规定的进口货物保险费率计算。

④进口从属费的构成及计算

进口从属费＝银行财务费＋外贸手续费＋关税＋

消费税＋进口环节增值税＋车辆购置税

第一，银行财务费。一般是指在国际贸易结算中，中国银行为进出口商提供金融结算服务所收取的费用，可按下式简化计算：

银行财务费＝离岸价格(FOB)×人民币外汇汇率×

银行财务费率

第二，外贸手续费。指按对外经济贸易部规定的外贸手续费率计取的费用，外贸手续费率一般取 1.5%。计算公式为：

外贸手续费＝到岸价格(CIF)×人民币外汇汇率×外贸手续费率

第三，关税。由海关对进出国境或关境的货物和物品征收的一种税。计算公式为：

关税＝到岸价格(CIF)×人民币外汇汇率×进口关税税率

到岸价格作为关税的计征基数时，通常又可称为关税完税价格。

进口关税税率分为优惠和普通两种。优惠税率适用于与我国签订关税互惠条款的贸易条约或协定的国家的进口设备；普通税率适用于与我国未签订关税互惠条款的贸易条约或协定的国家的进口设备。进口关税税率按我国海关总署发布的进口关税税率计算。

第四，消费税。仅对部分进口设备（如轿车、摩托车等）征收，一般计算公式为：

$$应纳消费税税额＝\frac{到岸价格(CIF)\times 人民币外汇汇率＋关税}{1－消费税税率}\times$$

消费税税率

其中，消费税税率根据规定的税率计算。

第五，进口环节增值税。是对从事进口贸易的单位和个人，在商品报关进口后征收的税种。我国增值税条例规定，进口应税产品均按组成计税价格和增值税税率直接计算应纳税额。即：

进口环节增值税额＝组成计税价格×增值税税率

组成计税价格＝关税完税价格＋关税＋消费税

第六，车辆购置税。进口车辆需缴进口车辆购置税。其公式如下：

进口车辆购置税＝(关税完税价格＋关税＋消费税)×

车辆购置税率

（5）设备运杂费的编制

设备运杂费按设备原价乘以设备运杂费率计算，其公式为：

设备运杂费＝设备原价×设备运杂费率

其中，设备运杂费率按各部门及省、市有关规定计取。

2. 设备安装工程费用概算编制

（1）预算单价法。当初步设计较深，有详细的设备清单时，可直接按安装工程预算定额单价编制安装工程概算，概算编制程序和编制方法基本同于安装工程施工图预算。该法具有计算比较具体、精确性较高之优点。

（2）扩大单价法。当初步设计深度不够，设备清单不完备，只有主体设备或仅有成套设备重量时，可采用主体设备、成套设备的综合扩大安装单价来编制概算。此种方法与单位建筑工程概算中的概算定额法相类似。

（3）设备价值百分比法又叫安装设备百分比法。当初步设计深度不够，只有设备出厂价而无详细规格、重量时，安装费可按占设备费的百分比计算。安装费率由相关管理部门制定或由设计单位根据已完类似工程确定。该法常用于价格波动不大的定型产品和通用设备产品。数学表达式为：

设备安装费＝设备原价×安装费率(％)

（4）综合吨位指标法。当初步设计提供的设备清单有规格和设备重量时，可采用综合吨位指标编制概算，其综合吨位指标由相关主管部门或由设计院根据已完类似工程资料确定。该法常用于设备价格波动较大的非标准设备和引进设备的安装工程概算。用数学表达式为：

设备安装费＝设备吨重×每吨设备安装费指标(元/吨)

3.3.3.3 单项工程综合概算编制

单项工程综合概算文件一般包括编制说明（不编制总概算时列入）、综合概算表（含其所附的单位工程概算表和建筑材料表）两大部分。当建设项目只有一个单项工程时，此时综合概算文件（实为

2013版《建设工程工程量清单计价规范》宣贯培训丛书

总概算）除包括上述两大部分外，还应包括工程建设其他费用、建设期贷款利息、预备费和固定资产投资方向调节税的概算。

1. 概算编制说明

概算编制说明应列在综合概算表的前面，其内容为：

（1）工程概况：简述建设项目建设地点、设计规模、建设性质（新建、扩建或改建）、工程类别、建设期（年限）、主要工程内容、主要工程量、主要工艺设备及数量等。

（2）主要技术经济指标：项目概算总投资（有引进的给出所需外汇额度）及主要分项投资、主要技术经济指标（主要单位投资指标）等。

（3）编制依据。包括国家和有关部门的规定、设计文件，现行概算定额或概算指标、设备材料的预算价格和费用指标等。

（4）工程费用计算表。主要包括建筑工程费用计算表、工艺安装工程费用计算表、配套工程费用计算表、其他设计工程的工程费用计算表。

（5）引进设备材料有关费率取定及依据。主要是关于国外运输费、国外运输保险费、关税、增值税、国内运杂费、其他有关税费等。

（6）其他有关说明的问题。

（7）引进设备材料从属费用计算表。

2. 综合概算表

综合概算表是根据单项工程所辖范围内的各单位工程概算等基础资料，按照国家或部委所规定统一表格进行编制。

（1）综合概算表的项目组成。工业建设项目综合概算表由建筑工程和设备及安装工程两大部分组成；民用工程项目综合概算表仅建筑工程一项。

（2）综合概算的费用组成。一般应包括建筑工程费用、安装工程费用、设备购置及工器具生产家具购置费所组成。当不编制总概算时，还应包括工程建设其他费用、建设期贷款利息、预备费等费用项目。

3.3.3.4 总概算书编制

总概算书是由各单项工程综合概算、工程建设其他费用、建设期贷款利息、预备费和经营性项目的铺底流动资金概算所组成，按照主管部门规定的统一表格进行编制而成的。

工程建设其他费用是指应在工程建设投资中支付并列入建设项目总概算或单项工程综合概算的费用。它可以分为三类：固定资产其他费用、无形资产费用和其他资产费用。

固定资产其他费用、无形资产费用和其他资产费用同第一章。

3.3.4 设计概算编制的注意事项

1. 工程量计算所用原始数据必须和设计图纸相一致和选择合适的概算方法编制

工程量按每一分项工程，根据设计图纸进行计算，计算时采用的原始数据必须以初步设计图纸所标识的尺寸或初步设计图纸能读出的尺寸为准进行计算，不得任意加大或缩小各部位尺寸。

2. 费用设置科学合理的弹性系数

由于初步设计受到外部条件的限制，如工程地质、设备材料的供应、物资采购、供应价格的变化，以及主观认识的局限性，由此会引起对已确认造价的改变，但这种正常的变化在一定范围内是允许的，在编制工程概算的过程中应考虑到各种因素的动态变化，尤其是材料的价格、定额、利息等的时间变化因素，设置弹性系数，更科学合理地编制概预算。如物价上涨时考虑设置涨价预备费，其他费用根据费用调整模型设置调整系数。

3. 限额设计优化设计方案，向设计方提出合理化设计

在初步设计阶段，概算编制出来之后，对投资目标进行分解，分解如机电、基坑、材料等专业工程，对分解后的工程限制一个造价的额度，然后再把这个限额设计的额度返回给设计单位，要求设计单位调整设计，并在施工图设计阶段，按此额度进行施工图设计。

投资目标分解后，针对造价较大的部分，进行多方案比选，从多个备选方案中选择一个合理的方案。对限额总值的分配可以依据以下几个步骤进行：

（1）对项目进行工作分解结构（Work breakdown structure，WBS），分解为各单项工程；根据设计概算，计算各单项工程工程量和造价，确定单项工程限额；

（2）对各单位工程进行分解，分解为各单位工程，进行生命周期成本分析，通过生命周期成本分解结构（Cost breakdown structure，CBS）进行成本分解，再次估算各单位工程的工程量和造价，确定单位工程限额；

（3）提取类似工程项目，对类似项目进行生命周期成本分析，参考类似工程的 CBS，为项目的限额分配提供参考。

4. 执行设计标准、推行标准设计优化设计方案，向设计方提出合理化设计

（1）执行设计标准，设计标准是国家经济建设的重要技术规范，主要有《建筑设计规范》、《结构设计规范》、《建筑施工规范》等。各类建设的设计单位执行相应的不同层次的设计标准、规范，充分了解工程项目的使用对象、规模和功能要求，选择相应的设计规范作为依据，合理确定项目等级、面积分配和功能分区，以及材料、设备、装修标准和单位面积的工程造价指标，以降低工程造价，控制工程投资。

（2）推行标准设计，合理选择相应的设备标准体系，认真做好生产设备及配套设备的选型定型，设备技术标准的选择应确保设备性能完善、质量可靠、维修方便。

3.3.5 设计概算的审核

1. 设计概算审核的内容

（1）审查概算编制深度。

①审查编制说明。审查编制说明可以检查概算的编制方法、深度和编制依据等重大原则问题。

②审查概算编制深度。一般大中型项目的设计概算，应有完整的编制说明和"三级概算"（即总概算表、单项工程综合概算表、单位工程概算表），并按有关规定的深度进行编制。审查是否有符合规定的"三级概算"，各级概算的编制、校对、审核是否按规定签署。

③审查概算的编制范围。审查概算编制范围及具体内容是否与主管部门批准的建设项目范围及具体工程内容一致；审查分期建设项目的建筑范围及具体工程内容有无重复交叉，是否重复计算或漏

算；审查其他费用所列的项目是否都符合规定，静态投资、动态投资和经营性项目铺底流动资金是否分部列出等。

（2）审查设计概算的编制依据。包括国家综合部门的文件，国务院主管部门和各省、市、自治区根据国家规定或授权制定的各种规定及办法，以及建设项目的设计文件等重点审查。

①审查编制依据的合法性。采用的各种编制依据必须经过国家或授权机关的批准，符合国家的编制规定，未经批准的不能采用，也不能强调情况特殊，擅自提高概算定额、指标或费用标准。

②审查编制依据的时效性。各种依据，如定额、指标、价格、取费标准等，都应根据国家有关部门的现行规定进行采用，注意有无调整和新的规定。有的虽然颁发时间较长，但不能全部适用；有的应按有关部门作的调整系数执行。

③审查编制依据的适用范围。各种编制依据都有规定的适用范围，如各主管部门规定的各种专业定额及其取费标准，只适用于该部门的专业工程；各地区规定的各种定额及其取费标准，只适用于该地区的范围以内。特别是地区的材料预算价格区域性更强，如某市有该市区的材料预算价格，又编制了郊区内一个矿区的材料预算价格；如在该市的矿区建设时，其概算采用的材料预算价格，则应用矿区的价格，而不能采用该市的价格。

（3）审查设备规格、数量和配置。工业建设项目设备投资比重大，一般占总投资的 30%～50%，要认真审查。审查所选用的设备规格、台数是否与生产规模一致；材质、自动化程度有无提高标准；引进设备是否配套、合理，备用设备台数是否适当；消防、环保设备是否计算等。还要重点审查价格是否合理、是否符合有关规定，如国产设备应按当时询价资料或有关部门发布的出厂价、信息价，引进设备应依据询价或合同价编制概算。

（4）审查建设规模、标准。审查概算的投资规模、生产能力、设计标准、建设用地、建筑面积、主要设备、配套工程、设计定员等是否符合原批准可行性研究报告或立项批文的标准。如概算总投资超过原批准投资估算10%以上，应进一步审查超估算的原因。

（5）审查计价指标。审查建筑工程采用工程所在地区的计价定额、费用定额、价格指数和有关人工、材料、机械台班单价是否符合现行规定；审查安装工程所采用的专业部门或地区定额是否符合工程所在地区的市场价格水平；概算指标调整系数、主材价格、人工、机械台班和辅材调整系数是否按当地最新规定执行；审查引进设备安装费率或计限标准、部分行业专业设备安装费率是否按有关规定计算等。

（6）审查工程费。建筑安装工程投资是随工程量增加而增加的，要认真审查。要根据初步设计图纸、概算定额及工程量计算规则、专业设备材料表、建构筑物和总图运输一览表进行审查，有无多算、重算、漏算。

（7）审查其他费用。工程建设其他费用投资约占项目总投资25%以上，必须认真逐项审查。审查费用项目是否按国家统一规定计列；具体费率或计取标准、部分行业专业设备安装费率是否按有关规定计算等。

2. 设计概算审查的方法

（1）全面审查法。全面审查法是指按照全部施工图的要求，结合有关预算定额分项工程中的工程细目，逐一、全部地进行审核的方法。其具体计算方法和审核过程与编制预算的计算方法和编制过程基本相同。全面审查法的优点是全面、细致，所审核过的工程预算质量高，差错比较少；缺点是工作量太大。全面审查法一般适用于一些工程量较小、工艺比较简单、编制工程预算力量较薄弱的设计单位所承包的工程。

（2）重点审查法。抓住工程预算中的重点进行审查的方法，称重点审查法，一般情况下，重点审查法的内容如下：

①选择工程量大或造价较高的项目进行重点审查；

②对补充单价进行重点审查；

③对计取的各项费用的费用标准和计算方法进行重点审查。

重点审查工程预算的方法应灵活掌握。例如，在重点审查中，如发现问题较多，应扩大审查范围；反之，如没有发现问题，或者发现的差错很小，应考虑适当缩小审查范围。

（3）经验审查法。经验审查法是指监理工程师根据以前的实践经验，审查容易发生差错的那些部分工程细目的方法。

（4）分解对比审查法。把一个单位工程，按直接费与间接费进行分解，然后再把直接费按工种工程和分部工程进行分解，分别与审定的标准图预算进行对比分析的方法，称为分解对比审查法。

这种方法是把拟审的预算造价与同类型的定型标准施工图或复用施工图的工程预算造价相比较，如果出入不大，就可以认为本工程预算问题不大，不再审查；如果出入较大，比如超过或少于已审定的标准设计施工图预算造价的 1% 或 3% 以上（根据本地区要求），再按分部分项工程进行分解，边分解边对比，哪里出入较大，就进一步审查哪一部分工程项目的预算价格。

3. 设计概算审查的作用

（1）审查设计概算有利于合理分配投资资金，加强投资计划管理。设计概算编制得偏高或偏低，都会影响投资计划的真实性，影响投资资金的合理分配。所以审查设计概算是为了准确确定工程造价，使投资更能遵循客观经济规律。

（2）审查设计概算可以促进概算编制单位严格执行国家有关概算的编制规定和费用标准，从而提高概算的编制质量。

（3）审查设计概算可以使建设项目总投资力求做到准确、完整，防止任意扩大投资规模或出现漏项，从而减少投资缺口，缩小概算与预算之间的差距，避免故意压低概算投资，搞"钓鱼"项目，最后导致实际造价大幅度地突破概算。

（4）审查后的概算对建设项目投资的落实提供了可靠的依据。打足投资，不留缺口，提高建设项目的投资效益。

4. 设计概算审查的步骤

设计概算审查是一项复杂而细致的技术经济工作，审查人员既应懂得有关专业技术知识，又应具有熟练编制概算的能力，一般情况下可按如下步骤进行：

（1）概算审查的准备。概算审查的准备工作包括：了解设计概算的内容组成、编制依据和方法；了解建设规模、设计能力和工艺流程；熟悉设计图纸和说明书、掌握概算费用的构成和有关技术经济指标；明确概算各种表格的内涵；收集概算定额、概算指标、取费标准等有关规定的文件资料等。

（2）进行概算审查。根据审查的主要内容，分别对设计概算的编制依据、单位工程设计概算、综合概算、总概算进行逐级审查。

（3）进行技术经济对比分析。利用规定的概算定额或指标以及有关技术经济指标与设计概算进行分析对比，根据设计和概算列明的工程性质、结构类型、建设条件、费用构成、投资比例、占地面积、生产规模、设备数量、造价指标、劳动定员等与国内外同类型工程规模进行对比分析，从大的方面找出和同类型工程的距离，为审查提供线索。

（4）研究、定案、调整概算。对概算审查中出现的问题要在对比分析、找出差距的基础上深入现场，进行实际调查研究。了解设计是否经济合理、概算编制依据是否符合现行规定和施工现场实际情况、有无扩大规模、多估投资或预留缺口等情况，并及时核实概算投资。对于当地没有同类型的项目而不能进行对比分析时，可向国内同类型企业进行调查，收集资料，作为审查的参考。经过会审决定的定案问题应及时调整概算，并经原批准单位下发文件。

3.4　施工图预算的管理

3.4.1　施工图预算编制的依据

《建设项目施工图预算编审规程》中说明建设项目施工图预算编制的依据包括以下十方面内容：

（1）国家、行业、地方政府发布的计价依据、有关法律法规或规定；

（2）建设项目有关文件、合同、协议等；

（3）批准的设计概算；

（4）批准的施工图设计图纸及相关标准图集和规范；

（5）相应预算定额和地区单位估价表；

（6）合理的施工组织设计和施工方案等文件；

（7）项目有关的设备、材料供应合同、价格及相关说明书；

（8）项目所在地区有关的气候、水文、地质地貌等的自然条件；

（9）项目的技术复杂程度，以及新技术、专利使用情况等；

（10）项目所在地区有关的经济、人文等社会条件。

施工图预算有单位工程预算、单项工程预算和建设项目总预算。单位工程预算是根据施工图设计文件、现行预算定额、单位估价表、费用定额以及人工、材料、设备、机械台班等预算价格资料，以一定方法，编制单位工程的施工图预算；然后汇总所有各单位工程施工图预算，成为单项工程施工图预算；再汇总所有单项工程施工图预算，并加上工程建设其他费、预备费、建设期贷款利息、铺底流动资金形成了建设项目总预算。单位工程预算包括建筑工程预算、设备安装工程预算、设备及工具器具购置费三部分。

建筑工程预算按其工程性质分为一般土建工程预算、给排水工程预算、采暖通风工程预算、煤气工程预算、电气照明工程预算、弱电工程预算、特殊构筑物如炉窑等工程预算和工业管道工程预算等。设备安装工程预算可分为机械设备安装工程预算、电气设备安装工程预算和热力设备安装工程预算等。设备及工具器具购置费则与设计概算涉及的内容一致。

施工图预算的费用组成如下图 3-5 所示。

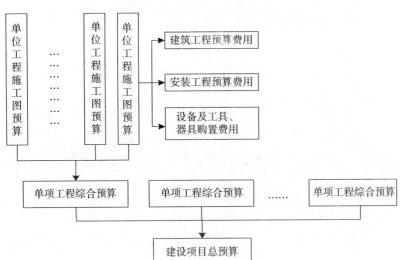

图 3-5　施工图预算费用组成

1. 单位工程预算费用是施工图预算的主要组成部分，具体内容如下：

（1）建筑工程预算费用构成

根据《建筑安装工程费用项目组成》（建标［2013］44 号）的规定，建筑工程费用项目按费用构成要素组成划分为人工费、材料费、施工机具使用费、企业管理费、利润、规费和税金，其中人工费、材料费、施工机具使用费、企业管理费和利润包含在分部分项工程费、措施项目费、其他项目费中（图 3-6）；按照工程造价形成划分为分部分项工程费、措施项目费、其他项目费、规费、税金，分部分项工程费、措施项目费、其他项目费包含人工费、材料费、施工机具使用费、企业管理费和利润（图 3-7）。

2013版《建设工程工程量清单计价规范》宣贯培训丛书

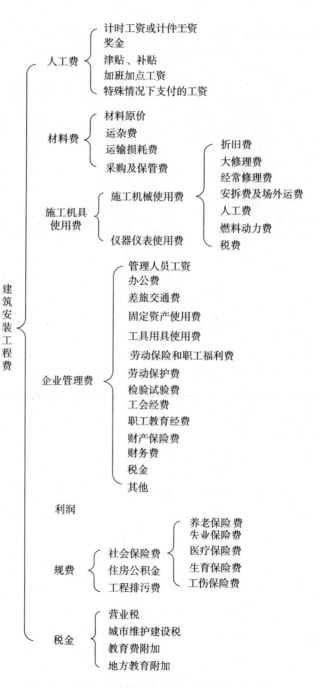

图 3-6　按费用构成要素划分的建筑工程费构成

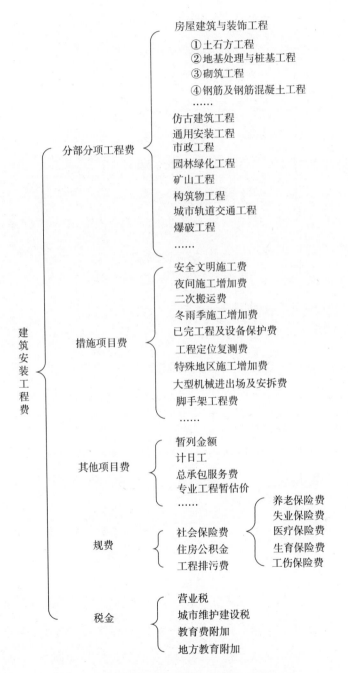

图 3-7　按工程造价形成划分的建筑工程费构成

（2）安装工程预算费用构成

安装工程预算费用构成同建筑工程预算费用构成。

（3）设备及工具、器具购置费用构成

设备购置费由设备原价和设备运杂费构成。

设备购置费＝设备原价＋设备运杂费

国产标准设备原价即是出厂价。国产非标准设备由于无定型标准，所以市场交易价格无法得知，只能通过不同的计算方法估算其价格，一般按照成本构成或相关技术参数进行估算。进口设备原价一般是由进口设备到岸价（CIF）和进口从属费构成。

设备运杂费由运费和装卸费、包装费、设备供销部门的手续费、采购与仓库保管费构成。

工具、器具及生产家具购置费，是指新建或扩建项目初步设计规定的，保证初期正常生产必须购置的没有达到固定资产标准的设备、仪器、工卡模具、器具、生产家具和备品备件等的购置费用。

2. 综合预算费用构成

单项工程综合预算是反映施工图设计阶段一个单项工程（设计单元）造价的文件，是建设项目总预算的组成部分。单项工程综合预算由构成该单项工程的各个单位工程施工图预算组成。

3. 总预算费用构成

建设项目总预算是反映施工图设计阶段建设项目投资总额的造价文件，是施工图预算文件的主要组成部分。建设项目总预算由组成该建设项目的各个单项工程综合预算和相关费用组成。相关费用包括工程建设其他费、预备费、建设期贷款利息及铺底流动资金。工程建设其他费、预备费、建设期贷款利息及铺底流动资金的费用组成内容见第 2 章设计概算的相关内容。

3.4.2 施工图预算编制的程序

建设项目施工图预算由总预算、综合预算和单位工程施工图预算组成，而施工图预算编制的单位是单位工程，单位工程施工图预算汇总为综合预算，综合预算又是总预算的组成部分，因此单位工程施工图预算是施工图预算的关键。施工图预算编制的程序主要包括三大内容：单位工程施工图预算编制、单项工程综合预算编制、建设项目总预算编制。具体的编制流程如图 3-8 所示。

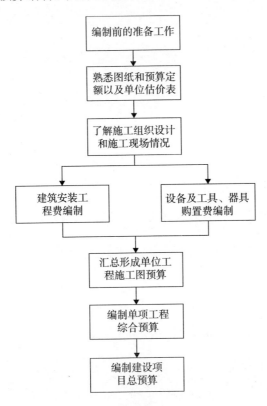

图 3-8 施工图预算编制咨询工作程序图

3.4.3 施工图预算编制的方法

3.4.3.1 单位工程施工图预算编制

单位工程施工图预算包括建筑工程预算和设备及安装工程预算，包括三项费用，分别是建筑工程费用、安装工程费用、设备及工具、器具购置费，建筑工程费用、安装工程费用可合称为建筑安装工程费。建筑安装工程费和设备及工具、器具购置费编制内容如下。

1. 建筑安装工程费编制

根据《建筑工程施工发包与承包计价管理办法》（建设部[2001]第107号）规定，施工图预算编制方法包括工料单价法和综合单价法。在传统的定额计价模式下编制施工图预算，应采用工料单价法；在工程量清单计价模式下编制施工图预算，应采用综合单价法。

工料单价法是目前普遍采用的方法，它是先根据施工图纸和预算定额计算出工程量，然后再乘以对应的定额计价得出分项工程直接工程费，分项工程费汇总后得出直接工程费，直接工程费加上措施费、间接费、利润、税金就是施工图预算造价。按照分部分项工程单价产生的方法不同，工料单价法又可以分为预算单价法和实物法。

不同的编制方法，在编制建筑安装工程费时有着不同的编制程序和内容，三种方法的具体编制程序如图3-9所示。

1）预算单价法

（1）编制前的准备工作

编制施工图预算的过程是具体确定建筑安装工程预算造价的过

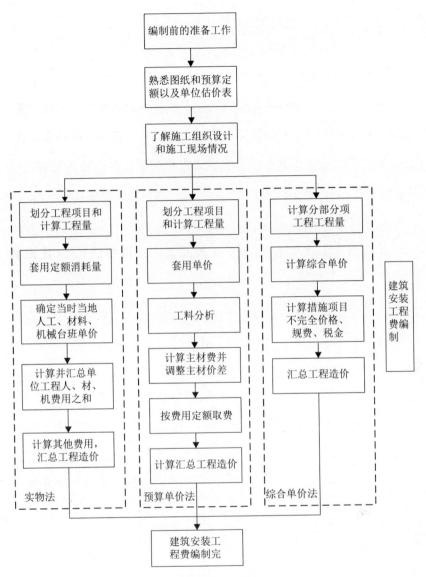

图 3-9 三种方法的编制程序

程。编制施工图预算，不仅要严格遵守国家计价法规、政策，严格

按图纸计量，而且还要考虑施工现场条件因素，是一项复杂而细致

的工作，也是一项政策性和技术性都很强的工作，因此，必须事前

做好充分准备。准备工作主要包括两大方面：一是组织准备；二是资料的收集和现场情况的调查。

其中资料收集清单如表 3-5 所示。

表 3-5　　　　　　　　　资料收集清单一览表

序号	资料分类	资料清单	备注
1	国家规范	国家或省级、行业建设主管部门颁发的计价依据和办法	
2		预算定额	最新
3	地区规范	××地区建筑工程消耗量标准	最新
4		××地区建筑装饰工程消耗量标准	最新
5		××地区安装工程消耗量标准	最新
6	工程造价管理机构发布的工程造价信息及市场价格	建设工程价格信息及类似工程价格信息	最新
7		安装工程综合价格	最新
8		市政工程综合价格	最新
9		市政工程计价办法	最新
10		园林绿化工程综合价格	最新
11	建设项目有关资料	建设工程设计文件及相关资料，包括施工图纸等	
12		施工现场情况、工程特点及常规施工方案	
13		经批准的初步设计概算或修正概算	
14		工程所在地的劳资、材料、税务、交通等方面资料	
15	其他有关资料		

（2）熟悉图纸和预算定额以及单位估价表

熟悉施工图纸不但要弄清图纸的内容，而且要对图纸进行审核：施工图纸间相关尺寸是否有误，设备与材料表上的规格、数量是否与图示相符；详图、说明、尺寸和其他符号是否正确等。若发现错误应及时纠正。此外，还要熟悉设计图纸、设计变更通知书等内容，这些都是施工图编制的依据或是组成部分，因此不应缺少。通过对图纸的熟悉，了解该工程施工工艺，材料的选用，设备的型号等。对于预算定额、各省有关规定、施工图预算的计价标准等的了解、掌握，能够有助于准确、快速的编制施工图预算。预算定额和单位估价表是编制施工图预算的计价标准，对其适用范围、工程量计算规则及定额系数等都要充分了解，做到心中有数。

（3）了解施工组织设计和施工现场情况

施工组织设计应了解工程进度、施工方法、人员使用、材料消耗、施工机械、技术措施等内容。核实施工现场情况应包括以下内容：

①了解工程所在地的基础资料：如沿线地形、地貌水文、地质、气象、地震、筑路材料、运输状况等。

②了解工程实地情况，如：水、电供应，配套工程（道路、桥梁、水路等交通情况）材料、设备、施工场地（材料堆放、预制厂）及运输条件。

③了解当地的气象资料。例如：气温、降雨、霜冻等。

④了解主、副食供应地点、运距，以确定综合费率。

⑤了解工程布置、地形条件、施工条件、料场开采条件、场内外交通运输条件等。

（4）划分工程项目和计算工程量

①划分工程项目

2013版《建设工程工程量清单计价规范》宣贯培训丛书

划分的工程项目必须和定额规定的项目一致，这样才能正确地套用定额。不能重复列项计算，也不能漏项少算。工程项目可划分为分部分项工程，划分内容如表 3-6 所示。

表 3-6　　　　　　　　××厂房土建工程项目划分表

定额编号	分部工程名称	分项工程名称	定额编号	分部工程名称	分项工程名称
198	土石方工程	平整场地	5—7	混凝土工程	C25 现浇独立柱基（自拌混凝土）
1—56		人工挖地坑三类干土深 3 米内	5—2		C25 现浇混凝土条形基础无梁式（自拌混凝土）
…		…	…		…

②计算并整理工程量

必须根据图纸、定额标准或者建设行政主管部门发布规定，依据定额中相应工程量计算规则计算工程量。要明确工程量扣除部分与不扣除部分。当工程量全部计算完以后，要对工程项目和工程量进行整理，即合并同类项和按序排列，为套用定额、计算人、材、机费用和进行工料分析打下基础，将计算出的工程量同项汇总后，填入工程量计算表内。工程量计算表格式如下表 3-7 所示。

表 3-7　　　　　　　　　　工程量计算表

序号	轴线部位	程目名称	单位	数量	计算式及说明
1		人工平整场地			
2		人工挖基槽	m³		
		…			

（5）套单价（计算定额基价）

将定额子项中的基价填于预算表单价栏内，并将单价乘以工程量得出合价，将结果填入合价栏。

（6）工料分析

工料分析即按分项工程项目，依据定额或单位估价表，计算人工和各种材料的实物耗量，并将主要材料汇总成表。工料分析首先从定额项目表中将各分项工程消耗的每项材料和人工的定额消耗量查出；再分别乘以该工程的工程量，得到分项工程人工和材料的消耗量；最后各分项工程人工和材料的消耗量汇总，得出单位工程人工、材料的消耗数量。即：

$$人工消耗量＝某工种定额用工量×某分项工程量$$

$$材料消耗量＝某种材料定额用量×某分项工程量$$

分部工程工料分析表如下表 3-8 所示。

表 3-8　　　　　　　　　分部工程工料分析表

项目名称：　　　　　　　　　　　　　　　　　编号：

序号	定额编号	分部(项)工程名称	单位	工程量	人工(工日)	主要材料			其他材料费(元)
						材料1	材料2	…	

编制人：　　　　　　　　　　　　　　　　　审核人：

（7）计算主材费并调整主材价差

因为许多定额项目基价为不完全价格，即未包括主材费用在内。因此还应单独计算出主材费，计算完成后将主材费的价差加入人、材、机费用之和。主材费计算的根据是当时当地市场价格。

2013版《建设工程工程量清单计价规范》宣贯培训丛书

（8）按费用定额取费

按有关规定计取措施费，以及按当地费用定额的取费规定计取规费、企业管理费、利润、税金等。住房和城乡建设部《建筑安装工程费用项目组成》（建标〔2013〕44号）中给出了措施费、企业管理费、规费、利润、税金的计算方法。

①措施费

措施费应当按照施工方案或施工组织设计，参照有关规定进行综合计价。计算措施项目费同时也应考虑管理费和利润。具体计算时，可按"套定额、计算系数、计算公式"等三种方式来计算。

A. 采用"套定额"方式计算

为简化计算过程，有的地区也将措施项目根据《全国统一建筑工程基础定额》（GJD-101-95）编制成为相应的单位估价表，如脚手架、混凝土构件模板、垂直运输、施工排降水、安全文明施工项目等。这样一来就可以直接套用措施项目的人、材、机单价计算其人工费、材料费、机械费，具体计算方法表达为：

措施项目人工费＝措施项目工程量×人工费单价

措施项目材料费＝措施项目工程量×材料费单价

措施项目机械费＝措施项目工程量×机械费单价

而管理费和利润可以用措施项目的人机费之和乘以相应费率计算。因而：

措施项目费＝（人工费＋材料费＋机械费）＋（人工费＋机械费）×

（管理费率＋利润费率）

其中的人工费、材料费、机械费均为措施项目中的人、材、机费用。

具体的计算过程在"措施费用计算明细表"和"措施费用计算汇总表"上完成。

B. 采用"计算系数"方式计算

有的措施项目可以单位工程的直接工程费中人机费之和为计算基数，乘以相应费率来计算。如临时设施费、夜间施工增加费等。

$$某项措施项目费＝直接工程费（或其中人工费和机械费之和）×该项措施项目费费率（\%）$$

C. 采用"计算公式"方式计算

住房和城市建设部《建筑安装工程费用项目组成》（建标［2013］44 号）中给出了各种措施费的计算公式。

a. 国家计量规范规定应予计量的措施项目，其计算公式为：

$$措施项目费＝\sum（措施项目工程量×综合单价）$$

b. 国家计量规范规定不宜计量的措施项目计算方法如下：

Ⅰ. 安全文明施工费

$$安全文明施工费＝计算基数×安全文明施工费费率（\%）$$

计算基数应为定额基价（定额分部分项工程费＋定额中可以计量的措施项目费）、定额人工费或（定额人工费＋定额机械费），其费率由工程造价管理机构根据各专业工程的特点综合确定。

Ⅱ. 夜间施工增加费

$$夜间施工增加费＝计算基数×夜间施工增加费费率（\%）$$

Ⅲ. 二次搬运费

$$二次搬运费＝计算基数×二次搬运费费率（\%）$$

Ⅳ. 冬雨季施工增加费

$$冬雨季施工增加费＝计算基数×冬雨季施工增加费费率（\%）$$

Ⅴ. 已完工程及设备保护费

$$\begin{array}{l}\text{已完工程及} \\ \text{设备保护费}\end{array} = \text{计算基数} \times \text{已完工程及设备保护费费率}(\%)$$

上述（Ⅱ）～（Ⅴ）项措施项目的计费基数应为定额人工费或（定额人工费＋定额机械费），其费率由工程造价管理机构根据各专业工程特点和调查资料综合分析后确定。

②企业管理费

a. 以分部分项工程费为计算基础

$$\begin{array}{l}\text{企业管理} \\ \text{费费率}(\%)\end{array} = \frac{\text{生产工人年平均管理费}}{\text{年有效施工天数} \times \text{人工单价}} \times \begin{array}{l}\text{人工费占分部分} \\ \text{项工程费比例}(\%)\end{array}$$

b. 以人工费和机械费合计为计算基础

$$\begin{array}{l}\text{企业管理} \\ \text{费费率}(\%)\end{array} = \frac{\text{生产工人年平均管理费}}{\begin{array}{l}\text{年有效施} \\ \text{工天数}\end{array} \times \left(\text{人工单价} + \begin{array}{l}\text{每一工日机} \\ \text{械使用费}\end{array}\right)} \times 100\%$$

c. 以人工费为计算基础

$$\begin{array}{l}\text{企业管理} \\ \text{费费率}(\%)\end{array} = \frac{\text{生产工人年平均管理费}}{\text{年有效施工天数} \times \text{人工单价}} \times 100\%$$

③规费

a. 社会保险费和住房公积金

社会保险费和住房公积金应以定额人工费为计算基础，根据工程所在地省、自治区、直辖市或行业建设主管部门规定费率计算。

$$\begin{array}{l}\text{社会保险费和} \\ \text{住房公积金}\end{array} = \sum\left(\text{工程定额人工费} \times \begin{array}{l}\text{社会保险费和} \\ \text{住房公积金费率}\end{array}\right)$$

b. 工程排污费

工程排污费等其他应列而未列入的规费应按工程所在地环境保护等部门规定的标准缴纳，按实计取列入。

④利润

利润是指承包企业完成所承包工程获得的盈利。

在编制施工图预算确定利润时，可以定额人工费或（定额人工费＋定额机械费）作为计算基数，其费率根据历年工程造价积累的资料，并结合建筑市场实际确定，以单位（单项）工程测算，利润在税前建筑安装工程费的比重可按不低于5%且不高于7%的费率计算。

⑤税金

建筑安装工程税金是指国家税法规定的应计入建筑安装工程费用的营业税、城市维护建设税、教育费附加以及地方教育附加。

税金的计算方法为：

税金＝税前造价×综合税率（%）

综合税率：

a. 纳税地点在市区的企业

$$\text{综合税率（%）}=\frac{1}{1-3\%-(3\%\times7\%)-(3\%\times3\%)-(3\%\times2\%)}-1$$

b. 纳税地点在县城、镇的企业

$$\text{综合税率（%）}=\frac{1}{1-3\%-(3\%\times5\%)-(3\%\times3\%)-(3\%\times2\%)}-1$$

c. 纳税地点不在市区、县城、镇的企业

$$\text{综合税率（%）}=\frac{1}{1-3\%-(3\%\times1\%)-(3\%\times3\%)-(3\%\times2\%)}-1$$

d. 实行营业税改增值税的，按纳税地点现行税率计算。

（9）计算汇总工程造价

将人工费、材料费、施工机具使用费、措施费、企业管理费、规费、利润、税金相加即为建筑安装工程造价：

$$\frac{建筑安装}{工程造价}＝人工费＋材料费＋施工机具使用费＋措施费＋$$

$$企业管理费＋规费＋利润＋税金$$

2）实物法

当建筑安装定额只有实物消耗量，没有反映货币消耗量时（无定额计价），就可以采用实物法。

（1）编制前的准备工作

具体工作内容同预算单价法相应步骤的内容。但此时要全面收集各种人工、材料、机械台班的当时当地的市场价格，应包括不同品种、规格的材料预算单价；不同工种、等级的人工工日单价；不同种类、型号的施工机械台班单价等。要求获得的各种价格应全面、真实、可靠。

（2）熟悉图纸和预算定额以及单位估价表

本步骤的内容同预算单价法相应内容。

（3）了解施工组织设计和施工现场情况

本步骤的内容同预算单价法相应内容。

（4）划分工程项目和计算工程量

本步骤的内容同预算单价法相应内容。

（5）套用定额消耗量，计算并汇总人工、材料、机械台班消耗量

人工、材料、机械台班消耗量，可以根据当地《消耗量定额》查用。

人工工日消耗量由分项工程所综合的各个工序施工劳动定额包括的基本用工、其他用工两部分组成；材料消耗量包括材料净用量和材料不可避免的损耗量。

(6) 确定当时当地人工、材料、机械台班单价

①人工单价的确定

各市造价管理部门按月或季度进行人工工种价格的发布，人工单价根据当时当地有关造价部门发布的人工价格信息为准。

②材料单价的确定

材料单价是由材料原价（或供应价格）、材料运杂费、运输损耗费以及采购保管费合计而成的。其计算公式如下：

$$材料单价＝[(材料原价＋运杂费)×(1＋运输损耗率(\%))]×$$
$$[1＋采购保管费率(\%)]$$

a. 材料原价：是指材料、工程设备的出厂价格或商家供应价格。

b. 运杂费是指材料自来源地运至工地仓库或指定堆放地点所发生的全部费用。

运杂费包括装卸费、运费，如果发生，还应计囤存费及其他杂费。通过铁路、水路和公路运输部门运输的材料，按铁路、航运和当地交通部门规定的运价计算运费。

一种材料如有两个以上的供应点时，都应根据不同的运距、运量、运价采用加权平均的方法计算运费。由于预算定额中汽车运输台班已考虑工地便道特点，以及定额中已计入了"工地小搬运"项目，因此平均运距中汽车运输便道里程不得乘调整系数，也不得在工地仓库或堆料场之外再加场内运距或二次倒运的运距。

c. 运输损耗费是指材料在运输装卸过程中不可避免的损耗。

d. 采购及保管费是指为组织采购、供应和保管材料、工程设备的过程中所需要的各项费用。包括采购费、仓储费、工地保管费、仓储损耗。

材料采购及保管费，以材料的原价加运杂费及场外运输损耗的合计数为基数，乘以采购保管费率计算。材料的采购及保管费费率为2.5%。外购的构件、成品及半成品的预算价格，其计算方法与材料相同，但构件（如外购的钢桁梁、钢筋混凝土构件及加工钢材等半成品）的采购保管费率为1%。

由以上各步骤可以得出材料预算单价，如表3-9所示：

③施工机械台班单价的确定

$$施工机械台班单价 = 台班折旧费 + 台班大修费 + 台班经常修理费 +$$

$$台班安拆费及场外运费 + 台班人工费 +$$

$$台班燃料动力费 + 台班车船税费$$

承包商应从工程机械的合理选择、优化配置、有效管理三方面综合考虑机械台班单价。

表3-9　　　　　　　　材料预算单价计算表

建设项目名称：　　　　　　编制范围：　　　　　　第　页　共　页

序号	规格名称	单位	原价（元）	运杂费					原价运费合计（元）	场外运输损耗		采购及保管费		预算单价（元）
				供应地点	运输方式、比重及运距	毛重系数或单位毛重	运杂费构成说明或计算式	单位运费（元）		费率（%）	金额（元）	费率（%）	金额（元）	

编制：　　　　　　　　　　　　　　　　　　　　　复核：

施工机械台班单价由不变费用和可变费用组成。不变费用包括折旧费、大修理费、经常修理费、安装拆卸及辅助设施费等；可变费用包括机上人员人工费、动力燃料费、养路费及车船使用税。可变费用中的人工工日数及动力燃料消耗量，应以机械台班费用定额中的数值为准。台班人工费工日单价同生产工人人工费单价。动力燃料费用则按材料费的计算规定计算。

上述各步骤完成之后，人、材、机单价可汇总见表3-10。

表 3-10 　　　　　　　　人工、材料、机械台班单价汇总表

建设项目名称：　　　　　　　编制范围：　　　　　　第　页　共　页

序号	名称	单位	代号	预算金额（元）	备注	序号	名称	单位	代号	预算金额（元）	备注
1	2	3	4	5	6	7	8	9	10	11	12

编制：　　　　　　　　　　　　　　　　　　复核：

（7）计算并汇总单位工程人、材、机费用总和

单位工程人、材、机费用由单位工程的人工费、材料费、机械使用费汇总而成，而单位工程的人工费、材料费、机械使用费是通过单位工程人工、材料、施工机械台班消耗量分别乘以当时当地相应的实际市场单价得出。

（8）计算其他费用，汇总工程造价

措施费、企业管理费、利润和税金等费用计算可采用与预算单价法相似的计算方法，但需注意有关费率是根据当时当地建设市场的供求情况予以确定。将上述所求人、材、机费用、措施费、企业管理费、规费、利润和税金等汇总即为施工图预算造价。

3）综合单价法

综合单价法是指分项工程单价综合了直接工程费及以外的多项费用。综合单价包括人工费、材料费、施工机械使用费、企业管理费、利润，并考虑了一定范围的风险费用，但并未包括措施费、规费和税金，因此它是一种不完全综合单价。分项工程的综合单价乘以工程量即为该分项工程的预算价，所有分项工程预算价汇总后即为该工程的预算价。公式如下：

$$\text{建筑安装工程预算造价} = (\sum \text{分项工程量} \times \text{分项工程综合单价}) +$$

$$\text{措施项目不完全价格} + \text{规费} + \text{税金}$$

其中：

$$\text{分项工程综合单价} = \text{人工费} + \text{材料费} + \text{施工机械使用费} + \text{企业管理费} +$$

$$\text{利润} + \text{一定范围的风险费用}$$

3.4.3.2 设备及工具、器具购置费编制

1. 设备购置费编制方法

设备购置费编制方法及内容参照第 2 章设计概算相关内容。

2. 工具、器具及生产家具购置费编制

工具、器具及生产家具购置费一般以设备购置费为计算基数，按照部门或行业规定的工具、器具及生产家具费率计算。计算公式为：

$$\text{工具、器具及生产家具购置费} = \text{设备购置费} \times \text{定额费率}$$

3. 汇总单位工程施工图预算

单位工程施工图预算由建筑安装工程费和设备及工具、器具购置费编制组成，将计算好的建筑安装工程费和设备及工具、器具购

置费相加，即得到单位工程施工图预算，即：

$$单位工程施工图预算＝建筑安装工程费＋设备及工具、器具购置费$$

3.4.3.3　单项工程综合预算编制

单项工程综合预算是由单位工程施工图预算汇总而成，计算公式如下：

$$单项工程综合预算＝\sum 单位工程施工图预算$$

3.4.3.4　建设项目总预算编制

总预算编制分为三级预算编制或二级预算编制形式。

三级预算编制中总预算由综合预算和工程建设其他费、预备费、建设期贷款利息及铺底流动资金汇总而成，计算公式如下：

$$总预算＝\sum 综合预算＋工程建设其他费＋预备费＋$$
$$建设期贷款利息＋铺底流动资金$$

二级预算编制中总预算由单位工程施工图预算和工程建设其他费、预备费、建设期贷款利息及铺底流动资金汇总而成，计算公式如下：

$$总预算＝\sum 单位工程施工图预算＋工程建设其他费＋$$
$$预备费＋建设期贷款利息＋铺底流动资金$$

工程建设其他费、预备费、建设期贷款利息及铺底流动资金具体编制方法参照第 2 章设计概算相关内容。

3.4.4　施工图预算编制的注意事项

（1）应注意施工图预算与概算、招标控制价在编制作用、方法、阶段等内容的区别，具体区别如表 3-11 所示。

表 3-11　　　　　　施工图预算与概算、招标控制价的区别

区别	施工图预算	概算	招标控制价
作用	1. 施工图预算是确定工程招标控制价的依据。2. 施工图预算是确定标底的依据。3. 施工图预算是建筑施工企业投标时"报价"的参考依据	1. 设计概算是编制建设项目投资计划、确定和控制建设项目投资的依据。2. 设计概算是签定建设工程合同和贷款合同的依据。3. 设计概算是控制施工图设计和施工图预算的依据。4. 设计概算是衡量设计方案技术经济合理性和选择最佳设计方案的依据	1. 可清除投标人间合谋超额利益的可能性,有效遏制围标串标行为,防止恶性哄抬报价带来的投资风险。2. 可避免投标决策的盲目性,使得评标中各项工作有参考依据,增强投标活动的选择性和经济性。3. 可使各投标人自主报价、公平竞争,不受标底的左右,符合市场规律。4. 既设置了控制上限,又尽量地减少了业主对评标基准价的影响
形成成果	三级概算或二级概算	三级预算或二级预算	招标控制价
编制阶段	初步设计完成后	施工图设计完成后	招标阶段
编制方法	概算定额计价法;概算指标法;类似工程预算法	单价法;实物量法	分部分项工程费、措施项目费、其他项目费、规费和税金分开编制

（2）编制施工图预算要了解现场勘察的条件，了解施工现场情况可参考勘察设计阶段形成的勘察报告。

（3）三级预算编制中总预算由综合预算和工程建设其他费、预备费、建设期贷款利息及铺底流动资金汇总而成；二级预算编制中总预算由单位工程施工图预算和工程建设其他费、预备费、建设期贷款利息及铺底流动资金汇总而成。

（4）对于国家规定的不招标工程，如①涉及国家安全、国家秘

密或者抢险救灾而不适宜招标的；②属于利用扶贫资金实行以工代赈需要使用农民工的；③施工主要技术采用特定的专利或者专有技术的；④施工企业自建自用的工程，且该施工企业资质等级符合工程要求的；⑤在建工程追加的附属小型工程或者主体加层工程，原中标人仍具备承包能力的等工程，不做标底，需要编制施工图预算。

3.4.5 施工图预算的审核

施工图预算的审核应从如下几个方面展开。

1. 编制依据的审核

审核内容包括：

（1）初步设计是否完成，是否满足要求；

（2）使用的预算定额、费用定额及信息价格等是否符合相关规定；

（3）后续的政策、法规及调价文件应及时执行；

（4）编制依据的适用范围是否合理。

2. 施工图预算内容的审核

（1）建筑工程预算的审核

审核内容包括：①工程量的计算是否准确；②采用的定额及缺项估价是否准确；③采用人工、材料预算单价是否合理；④各项取费是否合理，后续调整系数是否计取等当。

（2）设备及安装工程预算的审核

该部分审核的重点是设备清单和安装费用的计算。审核内容包括：①工程量的计算是否准确；②采用的定额及缺项估价是否正确；③采用人工、设备预算单价是否合理；④各项取费是否合理，后续调整系数是否计取得当；⑤进口设备价格的计取是否合理。

（3）工程其他费用的审核

审核内容包括：①工程其他费用的列项是否齐全；②工程其他费用的计算基数是否准确；③工程其他费用的计算基数比例是否符合文件要求。

（4）工程预备费、贷款利息的审核

审核内容包括：①工程预备费的计算比例是否合适，工程预备费的计算基数是否正确；③贷款利息是否计算正确。

（5）总预算的审核

审核内容包括：①总预算是否在设计概算范围内；②总预算的内容是否完整，施工图预算的内容是否与图纸一致，有无出现预算与图纸不符现象；③根据本项目的规模、标准等基本情况，对比相类似项目技术经济指标情况，分析项目预算的合理性；④结合市场行情，总预算中有无必要考虑一定价格上涨因素。

2013版《建设工程工程量清单计价规范》宣贯培训丛书

第 4 章　建设项目招标投标阶段
的工程造价管理

4.1　概　　述

4.1.1　招标投标阶段对工程造价管理的影响

1. 工程招标投标对工程造价的影响

建设工程招标投标制是我国建筑市场走向规范化、完善化的重要举措之一。建设工程招标投标制的推行，使计划经济条件下建设任务的发包从以计划分配为主转变到以投标竞争为主，使我国发承包方式发生了质的变化。推行建设工程招标投标制，对降低工程造价，进而使工程造价得到合理的控制具有非常重要的影响。

（1）推行招标投标制形成了市场经济体制，是工程价格趋向于合理。在建设市场推行招标投标制最直接、最集中的表现，就是价格上的激烈竞争。通过竞争和合理选择确定出工程价格，使其趋于合理或下降，这将有利于节约投资、提高经济效益。这对建设单位在项目准备阶段的建设成本控制起到重要作用，也成为建设单位工程成本控制的重要手段。

（2）推行招标投标制能够不断降低社会平均劳动消耗水平，使工程价格得到有效控制。在建筑市场中，不同投标者的个别成本有差异。通过推行招标投标制总是那些个别成本最低或接近最低，生产力水平较高的投标者获胜，这样便实现了生产力资源的较优配置，也对不同投标者实行了优胜劣汰。面对激烈竞争的压力，为了自身的生存和发展，每个投标者都必须切实在降低自己个别劳动消耗水平上下工夫，这样将逐步而全面地降低社会平均劳动消耗水平，提高行业生产力水平，使工程价格更为合理。

（3）推行招标投标制便于供求双方能更好地相互选择，使工程价格更加符合价值基础，进而更好地控制工程造价。

（4）推行招标投标制有利于规范价格行为，使公开、公平、公正原则得以贯彻。

（5）推行招标投标制能够减少交易费用，节省人力、物力、财力，进而使工程造价成本降低。

2. 工程招标投标阶段对工程造价的影响

在交易阶段影响工程造价的因素是多方面的，识别、分析和评估该阶段对工程造价的影响因素，对合理选择造价控制方法和策略有重要的作用，这为有效控制工程造价提供重要依据。对交易阶段影响工程造价的因素，主要包括建筑市场供需状况、建设单位（招标人）的价值取向、招标项目的特点、投标人的策略等。

4.1.2 招标投标阶段的工作目标

建设项目招标与投标是建设项目准备阶段关键、核心的工作，建设过程中相关建筑产品和服务通过招标投标方式实现资源的优化配置，形成建设行业的建筑市场管理体制，为行业的整体素质和生产力水平的提高提供了动力。在这一过程中，建筑和服务产品交易价格（合同价格）是参建各方关注的重点。对建设单位而言，建筑产品和服务交易价格决定货币支出，加强成本控制，减少支出是其目的，其具体工作内容为招标控制价的编制、评标办法的选择、合同谈判和合同价格的确定等；对承包单位而言，建筑产品和服务交易价格决定货币收入，对一个具体工程而言，合理提高货币收入是其目的，其具体工作内容为投标报价、投标策略分析与选择、投标文件编制。对建设单位和承包商而言，建筑产品和服务的交易价格应该是经过市场选择后的均衡价格——合同价格。因此，交易阶段的工程造价管理具有重要的意义和作用。

4.1.3　招标投标阶段的工作重点

（1）发承包双方选择合理的招标方式和承包模式。《中华人民共和国招标投标法》允许的招标方式有邀请招标和公开招标。邀请招标适用于国家投资的特殊项目和非国有经济投资的项目；公开招标适用于国家投资或国家投资占多数的项目，是最能够体现公开、公平、公正原则的招标方式。选择合理的招标方式是合理确定合同价款的基础，对工程造价有重要影响。

常见的发承包模式包括总分包模式、平行承包模式、联合承包模式和合作承包模式。不同的发承包模式适用于不同类型的工程项目，不同发承包模式有不同的项目管理特点，对工程造价的影响也不同。

（2）发包人合理编制招标文件，确定招标控制价。工程计量方法和投标报价方法的不同，将产生不同的合同价格，因而在招标前，应选择有利降低工程造价和便于合同管理的工程计量方法和计价方法。

（3）承包人合理编制投标报价文件。拟投标招标工程的承包商通过资格审查后，获取招标文件，编制投标文件并对其做出实质性响应。在核实工程量清单基础上依据企业定额进行工程估价，然后广泛了解潜在竞争者、工程项目和自身情况的基础上，运用投标技巧和正确的投标策略来合理确定投标报价，以增加中标几率。该工作内容对发承包单位确定有竞争力的价格，又能中标至关重要。

（4）做好合同谈判和合同价款确定工作。合同条件将对工程实施阶段的各项行为产生实质性的影响，并在很大程度上影响承包人的收入和发包人的支出，各方都非常关注。正确选择合适的合同类型，合理、有效地确定关于工程价款调整、索赔条件和风险分担等，为工程实施阶段的工程造价控制确立依据和原则，具有十分重要的意义和作用。

4.2　招标控制价

根据《建设工程工程量清单计价规范》（GB 50500—2013）的规定，实行招标的建设工程应编制招标控制价，招标控制价是招标人根据国家或省级、行业建设主管部门颁发的有关计价依据和办法，以及拟定的招标文件和招标工程量清单，结合工程具体情况编制的招标工程的最高投标限价。

4.2.1 招标控制价的概述

1. 招标控制价的概念

根据《建设工程工程量清单计价规范》（GB 50500—2013）的规定，实行招标的建设工程应编制招标控制价，招标控制价是招标人根据国家或省级、行业建设主管部门颁发的有关计价依据和办法，以及拟定的招标文件和招标工程量清单，结合工程具体情况编制的招标工程的最高投标限价。

2. 招标控制价的作用

（1）招标控制价的设置，是为避免和遏制以往标底在工程实践中存在违法泄露投标方的围标、串标，招标方的恶意压低中标价等违法活动，加强对建筑工程招投标过程的监督和管理，有利于招标工程的公平合理，从根本上保护交易双方的利益，合理确定和有效控制工程造价。

合理编制的招标控制价作为投标报价的最高限价，可以有效避免利用围标和串标抬高工程投标价的现象发生，从利益的分配上消除了投标人为获得超额利润而进行合谋的驱动力。

（2）招标控制价在工程量清单基础上编制，工程量清单作为招标文件由招标人统一提供，从而有效保证了投标单位竞争基础的一致性。由于工程量清单的综合价格不因施工措施差异、市场价格、施工难易程度等变化而调整，减少了施工单位不合理索赔的可能，对避免工程招标中弄虚作假、暗箱操作等起到了节制作用。

投标人通过招标控制价，可以避免投标决策的盲目性，增强投标活动的选择性和经济性。投标人可以根据本企业的技术实力和管理水平，对工程的招标控制价进行合理评估，考虑其可接受性并决定是否继续参与投标。

（3）工程量清单也是施工合同的重要组成部分，是施工过程中的进度支付、工程结算、索赔及竣工结算的重要依据，其质量高低直接影响工程施工过程造价控制效果，若工程量清单编制错误或漏项都可引起索赔。

（4）招标控制价与经评审的合理最低价评标配合，能促使投标人加快技术革新和提高管理水平。在有招标控制价限制且采用经评审的合理最低价法的情况下，这就促进建筑企业降低内部成本，真正走向向管理要效益、向生产技术要利润之路，提高企业先进水平，否则就要被市场淘汰，符合优胜劣汰的发展规律。

3. 招标控制价的管理

（1）招标控制价的编制

根据《建设工程工程量清单计价规范》（GB 50500—2013）的要求，国有资产投资的建设工程招标，招标人必须编制招标控制价。

（2）招标控制价的审核

招标控制价的审核主体一般为工程所在地的工程造价管理机构或其组织随机抽取的工程造价咨询人。招标控制价需经审核的，应安排在招标控制价公布之前，一般不得迟于投标文件截止日 10 日前。工程造价管理机构对招标控制价审核一般为备案性审核，审核时间不得超过 2 个工作日。组织委托工程造价咨询人对招标控制价审核应为全面地技术性审核，审核时间不得超过 5 个工作日。

4.2.2 招标控制价的编制

4.2.2.1 招标控制价的编制依据

根据《建设工程工程量清单计价规范》（GB 50500—2013）的规定，招标控制价应由具有编制能力的招标人或受其委托具有相应资质的工程造价咨询人编制和复核。工程造价咨询人接受招标人委托编制招标控制价，不得再就同一工程接受投标人委托编制投标报价。

招标控制价超过批准概算时，招标人应将其报原概算审批部门审核。招标人应在发布招标文件时公布招标控制价，同时应将招标控制价及有关资料报送工程所在地（或有该工程管辖权的行业管理部门）工程造价管理机构备查。

招标控制价应根据以下依据编制与复核，不应上浮和下调。

（1）《建设工程工程量清单计价规范》（GB 50500—2013）；

（2）国家或省级、行业建设主管部门颁发的计价定额和计价办法；

（3）建设工程设计文件及相关资料；

（4）招标文件中的工程量清单及有关要求；

（5）与建设项目相关的标准、规范、技术资料；

（6）工程造价管理机构发布的工程造价信息，工程造价信息没有发布的材料，参照市场价；

（7）其他的相关资料。

4.2.2.2 招标控制价编制要点

招标控制价的编制质量，直接影响着投标人投标报价的合理性

2013版《建设工程工程量清单计价规范》宣贯培训丛书

及整个项目的工程造价的合理性。在招标控制价编制过程中，招标人对工程量清单编制质量和招标控制价计价工作的质量进行管理，可以确保工程量清单的准确性和完整性以及招标控制价的合理性，并能有效避免项目施工及竣工阶段的纠纷产生。在工程量清单编制工作中，主要是项目特征描述的准确性、清单项目的完整性、工程量的准确性等因素会影响工程量清单编制的质量。在招标控制价计价工作中，主要是确保综合单价的准确性，综合单价的准确性包括综合单价风险范围的确定、材料价格确定的准确性等因素。针对上述影响招标控制价编制质量的主要因素，在编制过程中要进行重点管理。

1. 工程量清单的编制

（1）工程量清单的编制内容

工程量清单是工程量清单计价的基础，应作为编制招标控制价、投标报价、计算工程量、支付工程款、调整合同价款、办理竣工结算以及工程索赔等的依据之一。工程量清单的准确编制对招标控制价的计价有直接的影响，在招标控制价计价过程中，造价工程师要认真分析清单项目的划分和特征描述所体现的组价原则，严格按照特征描述所体现的组价原则来套用定额与计价，因此工程量清单的准确编制显得尤为重要。《建设工程工程量清单计价规范》（GB 50500—2013）对工程量清单的编制有着明确的要求，包括分部分项工程量清单，措施项目清单，其他项目清单，规费、税金项目清单等四部分，如图2-4所示。

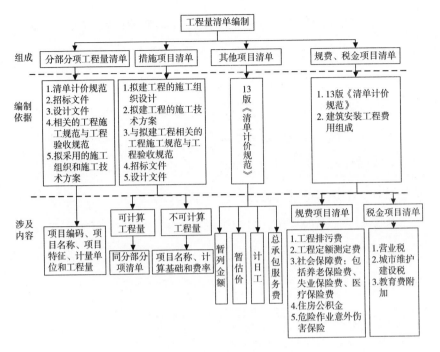

图 4-1　工程量清单编制内容

（2）工程量清单编制注意事项

根据 13 版《清单计价规范》4.1.2 条规定，招标工程量清单必须作为招标文件的组成部分，其准确性和完整性由招标人负责。此条规定加强了招标人的责任，明确了招标工程量清单的风险由招标人承担。

4.1.3 条规定，招标工程量清单是工程量清单计价的基础，应作为编制招标控制价、投标报价或调整工程量、施工索赔等的依据之一。

编制招标工程量清单应依据：

（1）13 版《清单计价规范》和相关工程的计量规范；

（2）国家或省级、行业建设主管部门颁发的计价定额和办法；

（3）建设工程设计文件及相关资料；

（4）与建设工程有关的标准、规范、技术资料；

（5）拟定的招标文件；

（6）施工现场情况、地勘水文资料、工程特点及常规施工方案；

（7）其他相关资料。

招标人根据以上规定编制招标工程量清单，在编制过程中，应注意以下事项。

（1）工程量清单的完整性

涉及到清单项目完整性主要是漏项问题。漏项是一个清单编制人员在编制过程中常犯的一个问题，这里说的漏项不单单是漏掉了清单项目里面的某一项，也包含漏掉了清单项目中的某项内容。漏项是编制人员在对工程量清单编制时常犯的一个错误，也是导致业主损失的一个比较重要的原因。

（2）工程量清单的准确性

工程量不准确有两种结果，第一种是工程量多算，第二种是工程量少算。工程量清单模式下，招标人在招标文件件中，需要提供工程量清单，投标人自主报价，如果工程量不准确，这就使得精明的投标人有机会利用不平衡报价的策略，这样会给业主的投资控制带来不利的影响。

（3）项目特征描述的准确性

项目特征是用来描述项目名称实质内容，直接影响工程实体的自身价值，用于区分相同清单条目下各条具体的清单项目。《建设工程工程量清单计价规范》（GB 50500—2013）一改《建设工程工程量清单计价规范》（GB 50500—2008）规范的分部分项工程量清单的综合单价应按设计文件或参照附录中的"工程内容"确定的规定，代之以按"项目特征"确定，并与《建设工程工程量清单计价规范》（GB 50500—2008）附录中"项目特征"栏对应。但是在实际工作过程中，由于项目特征的描述所导致的工程纠纷普遍存在，因此项目特征描述不准确将影响工程量清单编制质量。

2. 综合单价的确定

在招标控制价计价工作中，要使招标控制价的编制合理，必须要保证综合单价确定的准确性。根据 13 版《清单计价规范》，综合单价是指完成一个规定清单项目所需的人工费、材料和工程设备费、施工机具使用费和企业管理费、利润以及一定范围内的风险费用。在人材机费用中，材料所占比重最大，材料价格确定的准确与否也是关系综合单价确定的准确性的重要因素，而综合单价中还应考虑一定的风险费用，因此风险范围的确定也是综合单价确定的准确性的关键。

（1）综合单价的组成

根据 13 版《清单计价规范》的 5.2.2 条规定，综合单价中应包括招标文件中划分的应由招标人承担的风险范围及其费用，招标文件中没有明确的，如是工程造价咨询人编制，应提请招标人明确；如是招标人编制，应与投标人明确。

5.2.3 条规定，分部分项工程和措施项目中的单价项目，应根据拟定的招标文件和招标工程量清单项目中的特征描述及有关要求确定综合单价计算。

根据 13 版《清单计价规范》的规定，措施项目中的安全文明施工费必须按国家或省级、行业建设主管部门的规定计算，不得作为竞争性费用。

其他项目应根据以下原则编制。综合单价的确定如表 4-1 所示。

表 4-1 综合单价的确定

序号	内容	定 义	编 制
1	暂列金额	招标人在工程量清单中暂定并包括在合同价款中的一笔款项。用于工程合同签定时尚未确定或者不可预见的所需材料、工程设备、服务的采购，施工中可能发生的工程变更、合同约定调整因素出现时的合同价款调整以及发生的索赔、现场签证确认等的费用	暂列金额应按招标工程量清单中列出的金额填写
2	暂估价	招标人在工程量清单中提供的用于支付必然发生但暂时不能确定价格的材料、工程设备的单价以及专业工程的金额	暂估价中的材料、工程设备单价应按工程量清单中列出的单价计入的综合单价。暂估价中的专业工程暂估价应按招标工程量清单中列出的金额填写
3	计日工	在施工过程中，承包人完成发包人提出的工程合同范围以外的零星项目或工作，按合同中约定的单价计价的一种方式	计日工应按招标工程量清单中列出的项目根据工程特点和有关计价依据确定综合单价计算
4	总承包服务费	总承包人为配合协调发包人进行的专业工程发包，对发包人自行采购的材料、工程设备等进行保管以及施工现场管理、竣工资料汇总整理等服务所需的费用	总承包服务费应根据招标工程量清单列出的内容和要求估算
5	规费	根据国家法律、法规规定，由省级政府或省级有关权力部门规定施工企业必须缴纳的，应计入建筑安装工程造价的费用	规费和税金必须按国家或省级、行业建设主管部门的规定计算，不得作为竞争性费用
6	税金	国家税法规定的应计入建筑安装工程造价内的营业税、城市维护建设税、教育附加和地方教育附加	

2013版《建设工程工程量清单计价规范》宣贯培训丛书

（2）综合单价确定的注意事项

①综合单价的定额套用

每个清单项目所需要的所有定额子目下的人工费、材料费、机械使用费、企业管理费、利润和风险费之和为单个清单项目合价，单个清单项目合价除以清单项目的工程量，即为单个清单项目的综合单价。

②材料价格的组成

材料价格是指材料（包括构件、成品、半成品等）从其来源地（交货地点、供应者仓库提货地点等）到达施工工地仓库（施工工地内存放材料的地点）后出库的综合平均价格。材料价格一般由材料原价（或供应价格）、材料运杂费、运输损耗费、采购及保管费四项组成，这四项构成材料基价。此外在计价时，材料费中还应包括单独列项计算的检验试验费。

在建筑工程综合单价中，材料费是综合单价的主要组成部分，也是综合单价中不确定性和风险性最大的费用。13 版《清单计价规范》中规定的综合单价中所包含的风险因素就主要体现在材料费上。合理正确地确定材料的单价和费用是合理准确确定综合单价的关键任务。

招标控制价中的材料分为甲供材料和乙供材料两种。甲供材料的价格在招标文件中已列出，编制招标控制价时只需把甲供材料的价格计入相应项目的综合单价中。

乙供材料是指承包方提供材料，由承包方提供的材料，材料价格的波动，直接影响整个建筑安装工程量的波动，是确定基础成本需要关注的问题，同时也是工程造价最需关注的问题。对于招标文件中有要求的材料，一定要按照招标人要求的规格、型号、材质、性能采购，综合单价确定时应多方询价、综合取定，并且计取管理费和利润。

建设工程材料品种繁多，经营渠道多样，质量有别，市场价格各异，搜集调查资料困难、工作量大。如何使材料价格更加合理、可靠是在材料价格确定过程中必须遵循的原则。材料价格的确定要参照已编制好的工程量清单及招标文件，工程量清单中项目特征描述一项很大程度上决定了材料价格确定，对材料的材质、规格、型号都有详细的说明，对招标人有明确的特殊要求的材料要加以注意。在材料价格的具体确定或是询价过程中，要根据不同材料的具体情况来选择适当的询价对象和相应的询价方式。

③风险范围的确定

（1）风险内容

①材料费风险

材料费是综合单价风险中最重要影响因素。其一，在工程造价的构成中，材料费用占项目工程造价的65％左右；而在部分装饰工程及安装工程中，材料费用的比重占项目工程造价的75％以上。其二，材料费涉及净用量费用与损耗量费用两部分，净用量费用是必须花掉的部分，不存在竞争；而损耗量费用反映的是企业的管理能力和技术水平，企业的管理能力和技术水平高，损耗量费用就低，反之则高。其三，材料费受市场行情波动影响最大，当项目采用固定单价合同形式时，对市场材料价格变化趋势的判断，是编制招标控制价的主要风险。因此，材料费风险是招标控制价中的风险费用主要考虑内容。其中材料涨价的风险是材料风险中最需要考虑的风险。因为一般建设工程项目周期长，大中型项目一般都要跨年度施工，而材料价格受市场行情变化，波动较大，投标者很难在投标阶段就能准确把握材料涨跌幅度，而单价中所含材料价在一定幅度内不予调整，如施工阶段材料一旦上涨，并在一定幅度内，承包商将面临巨大的材料价格风险。如何正确有效地控制材料费用即材料价格，降低损耗量费用，把握市场风险，是建设工程项目招标控制价中综合单价风险控制的主要任务之一。

所以，在目前推行工程量清单计价招投标的工程项目，应当在合同中明确约定合同双方对材料价格风险的分担。可选择下列方法之一并在施工合同中约定。

a. 材料基准价法。招标人依据当时当地建设工程造价管理站上发布的材料市场价格信息或通过市场调查确定其材料基准价格，在合同中约定可调材料价格涨跌幅度和限度。在施工过程中，若可调价材料的价格上涨（或下跌）的幅度超过合同约定的限额时，超过部分按实调整。

b. 计算材料价格风险包干费。按材料价格的 5% 作为风险包干费，由投标人计入投标报价包干使用。

c. 按 FIDIC《施工合同文件》（1999 版）条款第 13.8 款中规定，如果实施工程的费用，包括劳工、物品以及其他投入，在施工期间有波动，则支付给承包商的工程款应按本条款中的公式进行调整，可以上调，也可以下调，调价公式为 $P_n = a + b\dfrac{L_n}{L_o} + c\dfrac{E_n}{E_o} + d\dfrac{M_n}{M_o} +$ …。FIDIC《施工合同文件》（1999 版）合同主张实行量价分离的方式，其中第 13 款（变更与调整）中价格调整条款和调价公式，就是为了防止物价大幅度自然上涨而可能导致的承包商项目支出增加的一个有效措施。

综合单价中风险费用主要考虑的因素就是材料费的风险因素，不仅因其在工程造价中的所占比重较大，还因为材料费会随物价波动而产生较大影响。材料费的风险承担是招投标人双方共同承担的费用，招标文件中对此类风险的范围和幅度应予以明确约定，进行合理分摊。因招标控制价中综合单价的编制是反映社会的平均水平，从而材料风险的确定也应是平均水平。

②机械费风险

机械费风险主要体现在能源方面，能源价格市场化后，其价格经常随着供求发生波动，也将对综合单价构成风险。机械设备的价格上涨也是机械费风险的主要因素。机械费的风险同材料费的风险承担形式相同，是招投标人双方共同承担的费用，招标文件中对此类风险的范围和幅度应予以明确约定，进行合理分摊。招标控制价中的综合单价的确定是参照社会平均水平拟定的，机械费的风险费用是社会平均水平。

③管理费风险

企业管理费是综合单价风险的主要影响因素。企业管理费包括了管理人员工资、办公费、差旅交通费、固定资产使用费和财务费等。综合单价中的企业管理费的确定，取决于一个施工企业总体水平和管理能力，是综合单价确定中最活跃的部分。企业管理费用的风险费用影响，主要是现场管理费用的影响。企业管理费的风险影响因素有施工企业整体水平，施工企业项目经理的管理能力和水平，工程项目的规模等因素。充分地考虑这些因素对企业管理费风险的影响，才能得到合理的风险值。管理费风险是完全由投标人一方自主承担的风险。招标人在确定招标控制价中的综合单价时，应考虑整个建筑行业施工整体水平等风险影响因素的平均水平，而不是只考虑某一个企业的管理费风险。

④利润风险

利润是施工企业完成所承包工程获得的盈利。利润也是综合单价确定中最活跃的部分。

利润作为竞争项目，其确定主要取决于投标人对自身现阶段的经营状况和企业发展的战略情况，以及投标人承接项目的情况，项目的复杂程度、项目的环境等综合考虑。利润风险和管理费风险一样，也是完全由投标人一方自主承担的风险。招标人在确定招标控制价中的综合单价时，应考虑整个建筑行业对所要招标项目可能赚取利润的平均水平，而不是只考虑某一个企业的利润风险。

实际工程项目中，综合单价风险费用的确定就是要将综合单价中各风险要素进行合理分配，按照一定的关系组合而成的一个费用总值。例如，苏州市建设局规定自 2008 年 6 月 1 日起在招标工程编制标底时，必须将综合单价中风险因素单独计取，列入其他项目清单中的投标人部分，以分部分项工程费为基数，按表 4-2 标准计取。

表 4-2　　　　　　招标工期及其风险费用系数

1	招标工期	风险费用系数（%）
2	1 年以内	3.00
3	1 年以上 2 年以内	4.00
4	2 年以上 3 年以内	5.00
5	3 年以上	6.00

综上可知，综合单价中的风险因素主要是从材料费、机械费、管理费和利润这四部分内容来进行风险的分析计算，得到一定的风险系数指标。其中材料费的风险系数所占比重最大，管理费、利润、机械费风险所占比重相对较小。

（2）风险范围量化分析

在确定招标控制价中的综合单价时，关于风险费用的确定，各个省市都有相关的规定，诸如在工程实施期间，当材料价格波动达到一定幅度时，如上涨部分达到材料报价的10％或15％时，对超过的部分进行调整，这里的10％或15％就是调整的风险因素。10％或15％以内的风险由承包商承担，这个实际上就是风险费用中材料风险费用的一个上限比例。但这是一个地区的综合平均水平，不能反映项目参与方的实际水平以及各个企业的对工程项目的风险的管理水平。再者就是针对不同的工程项目，其各自有不同的工程规模和不同的项目实施情况，每个项目都有它的特殊性，统一采用规定的风险利率未免不能把招标控制价中的综合单价针对单个项目反映出来，其风险的确定反映到利润率的数值还有上浮和下调的空间。

风险是实际结果与主观预测之间的差异。尽管在招标人编制招标控制价时，招标人可能对招标控制价进行了详细的研究，但由于预测结果的不确定性，项目经营的将来状况会与设想状况发生偏离，项目实施后的实际结果可能与预测的基本方案结果产生偏差，有可能使实际结果和预期结果造成偏差，这就是招标控制价中的风险。

对于不同的建设项目而言，在确定招标控制价时，可以定性地分析风险对招标控制价的影响，若业主希望投标方承担多一些的风险，则会适当调高利润率以提高投标报价的上限，反之亦然。但对于利润率的提高或降低多少，大多数只是凭经验进行，没有具体的量化程序，这就使得招标控制价不能很好地体现招标方希望投标方对于项目风险的承担程度。

为了在招标控制价的综合单价中更准确地体现风险因素的影响，明确招标方对投标方的风险承担程度，需要将招标控制价的综合单价中的风险因素进行量化。在现有的研究中，将招标控制价进行量化的方法主要有三种，分别为分项风险计算法、综合风险系数法和风险利润率法。

①分项风险计算法

在计算综合单价分析时，分别计算人工费、材料费、机械费、管理费各部分费用的风险，然后再进行综合单价计算，其基本思路可表述如下：

$$P = (F_1 K_1 + F_2 K_2 + F_3 K_3 + F_4 K_4) \times (1 + f) \qquad 式 4\text{-}1$$

式中　　　　　　　　P——拟确定的综合单价；

F_1、F_2、F_3、F_4——未考虑风险的人工费、材料费、机械费、管理费；

K_1、K_2、K_3、K_4——人工费、材料费、机械费、管理费的风险系数；

f——利润率。

各组成要素的风险系数，可通过分析前几个月的价格指数或价格变化率来进行预测，具体可采用数学曲线拟合法、平均增减量法、平均发展速度法、移动平均法、指数修匀法等长期趋势法进行预测。

由于人工、材料、机械种类繁多，要分析每项要素的风险过于复杂，可通过数据库随时将各种要素的价格信息存档，用计算机处理起来要简便得多。

②综合风险系数法

综合系数法是将层次分析法与模糊隶属度分析相结合，综合确定综合单价中的风险系数，以确定各部分风险的综合影响的方法。其基本步骤是分为三步：

a. 先用层次分析法确定风险评价指标因素的权重，$W = [w_1, w_2, \cdots, w_n]^\tau$；

b. 在风险费用指标评估阶段，将风险等级区间的量化，建立了基于模糊隶属关系的评价风险费用量化模型，得到风险的模糊矩阵

$$R_j^m = \begin{bmatrix} r_{11} & \cdots & r_{1n} \\ \cdots & \cdots & \cdots \\ \cdots & \cdots & \cdots \\ r_{m1} & \cdots & r_{mn} \end{bmatrix};$$

3）将层次分析法所得的权重与风险费用量化模型相结合，

$$b_j^m = A \cdot R_j^m = (W_1, W_2, W_3, W_4) \cdot \begin{bmatrix} r_{11} & r_{1n} \\ \cdots & \cdots \\ r_{m1} & r_{mn} \end{bmatrix}$$

将此结果归一化后，赋予相应的评价集 $V = (0.1, 0.3, 0.5, 0.7, 0.9)$，最后得到分部分项工程 j 对风险费用的确定系数为 $R_{ij}^m = b_j'^m \times V_\tau$。

设承包方的预期利润率设为 τ，得到风险费用的系数值为 $\alpha = R_{ij}^m \times \tau$。

③风险利润率法

同方法 2 类似，风险利润率法也先是建立风险评价因素集，用

层次分析法确定各个风险因素的权重，然后建立风险评价集，邀请专家对各个风险评价因素进行四个等级（风险的评价等级分为很高、较高、中等、较低）的打分，继而利用以上的数据得到模糊矩阵 R。把模糊评判矩阵与因素的权重集应用软件进行模糊运算并进行归一化，得到招标控制价风险分析的模糊综合评价结果。为了从总矩阵 R 中得到招标控制价风险利润率的合理性建议值，考虑市场上承包商利润率水平确定利润率矩阵 $D=(d_1, d_2, d_3, d_4)$，其中 d_1、d_4 为投标承包商平均水平的最大利润率和最小利润率，d_2、d_3 由 d_1、d_4 线形插值获得。最后可计算风险利润率为 $M = R \times D_\tau$

此种方法运用模糊综合评判方法和计算软件，可以定量的分析影响工程总承包项目的各种风险因素，进而在此基础上得出合理的风险利润率，是使风险的因素直接对利润率产生变动影响的一种风险量化方法。

针对以上三种方法，列表进行比较，如表 4-3 所示。

表 4-3   **风险量化的方法比较**

方法	具体内容	涉及的方法原理	备 注
分项风险分析法	对综合单价中的分项内容逐一求风险费用	数学曲线拟合法、平均增减量法等长期趋势法进行风险预测的方法	由于人工、材料、机械种类繁多，各项要素分析繁复
综合风险系数法	对综合单价中的内容汇总起来分析，求出一个综合风险系数	层次分析法、模糊隶属度法	将风险因素综合考虑，更加的全面，简单实用
风险利润率法	将风险的量化具体表现在利润率的体现上	层次分析法、模糊综合评判方法、线性插值法	结合利润率分析，准确性高。数学模型应用多，适用范围小

以上三种风险量化方法，分项风险分析法要对各组成要素的风险系数要通过分析前几个月的价格指数或价格变化率来进行预测，相对较麻烦，且每部分风险更易被投标人识别，有利于其进行不平衡报价。风险利润率法是将风险系数和利润率相互结合的一种方法，要在已知的市场平均水平中投标方的最大最小利润率水平的条件下进行计算，与投标方利润率水平结合较为紧密，准确性高。但由于使用过多的数学模型，且对市场平均水平中投标方利润率水平的调查工作较复杂，该方法应用起来较为麻烦，适用范围小。

4.2.3 招标控制价的审核

1. 招标控制价的审核依据

根据中国建设工程造价管理协会组织有关单位编制的《建设工程招标控制价编审规程》，招标控制价的审核依据主要有以下几个方面：

（1）国家、行业和地方政府的有关规定。

（2）国家、行业和地方有关工程技术标准、规范等。

（3）《建设工程工程量清单计价规范》（GB 50500—2013），国家、行业和省市颁发的计价办法及规定。

（4）建设项目所在地工程造价管理机构发布的工程造价信息。

（5）与建设项目有关的资料：

①项目的批文。

②已批复的项目设计概算。

③有关建设项目的会议纪要、答疑。

2013版《建设工程工程量清单计价规范》宣贯培训丛书

④施工图纸等设计文件。

⑤工程项目招标文件、工程量清单、招标控制价的文字材料及电子文档。

⑥其他相关资料。

2. 招标控制价的审核内容

参考招标控制价编制成果文件，对其审核应包括对其价格的审核及相关文件审核，具体如表 4-4 所示。

表 4-4　　　　　　　　　招标控制价的审核内容

序号	审核对象	审核标准
1	工程量清单审核	（1）工程量清单必须依据《建设工程工程量清单计价规范》（GB 50500—2013）和省、市造价管理机构的有关规定编制，编制内容必须与该项目的施工图一致。 （2）工程量计算必须准确。项目划分应合理，项目特征描述应完整、准确，并达到编制综合单价的要求。 （3）措施项目清单和其他项目清单应合理。 （4）设备的技术参数、主要材料的品种、规格、标准必须明确，应符合设计图纸的要求
2	招标控制价格的审核	（1）招标控制价的项目必须与工程量清单项目相一致。 （2）分部分项综合单价的组成必须符合现行《清单计价规范》的要求。 （3）措施费用的计取范围、标准必须符合规定，并与工程的施工方案相对应。 （4）规费、不可竞争费及其他各类取费必须执行现行《清单计价规范》及省、市造价管理机构的有关规定。 （5）主要材料及设备的价格应以工程所在地的造价管理机构发布的信息价为依据。也可通过市场调查、分析的方式确定，但应有可靠的信息来源

续表

序号	审核对象	审核标准
3	招标控制价文件组成的审核	(1) 招标控制价编制成果文件的完整性。 (2) 招标控制价编制成果文件的规范性。主要审核各种表格是否按照13版《建设工程工程量清单计价规范》中要求的格式进行编制
4	招标控制价编制依据的审核	(1) 审核招标控制价编制依据的合法性。是否是经过国家和行业主管部门批准，符合国家的编制规定，未经批准的不能采用。 (2) 审核招标控制价编制依据的时效性。各种编制依据均应该严格遵守国家及行业主管部门的现行规定，注意有无调整和新的规定，审核招标控制价编制依据是否仍具有法律效力。 (3) 审核招标控制价编制依据的适用范围。对各种编制依据的范围进行适用性审核，如不同投资规模、不同工程性质、专业工程是否具有相应的依据

3. 招标控制价的审核方法

（1）工程造价汇总的审核

①招标控制价的项目是否和工程量清单项目相一致。

②将招标控制价与设计概算进行对比，招标控制价原则上不应超出设计概算中的建安造价。

③采用技术经济指标复核，从工程造价指标、主要材料消耗量指标等方面与同类建筑工程进行比较分析。在复核时，选择与此工程具有相同或相似结构类型、建筑形式、装修标准、层数等的以往工程，将上述几种技术经济指标逐一比较，如果出入不大可判定招

标控制价基本正确，否则应对相关项目进行复核，分别查看清单计价、工程量计算汇总过程，找到差异原因。

（2）分部分项工程费的审核

审核分部分项综合单价的组成是否符合《建设工程工程量清单计价规范》（GB 50500—2013）的要求，具体包括：

①审核综合单价是否参照现行消耗量定额进行组价，计费是否完整，取费费率是否按国家或省级、行业建设主管部门对工程造价计价中费用或费用标准执行。综合单价中是否考虑了投标人承担的风险费用。

②审核定额工程量计算是否准确，人工、材料、机械消耗量与定额不一致时，是否按定额规定进行了调整。

③审核人工、材料、设备单价是否按工程造价管理机构发布的工程造价信息及市场信息价格进入综合单价，对于造价信息价格严重偏离市场价格的材料、设备，是否进行了价格处理；招标文件中提供暂估单价的材料，是否按暂估的单价进入综合单价，暂估价是否在工程量清单与计价表中单列，并计算了总额；审核由市场调查、分析方式确定的价格信息来源是否可靠。

④工程量应按工程量清单提供的清单工程量进行计算。

⑤综合单价分析按照《清单计价规范》中规定的表格形式，应清楚并充分满足以后调价的需要。

⑥综合单价与数量的乘积是否与合价一致。

⑦各分项金额合计是否与总计一致。

（3）措施项目费的审核

审核措施费用的计取范围、标准必须符合规定，并与工程常规的施工方案相对应，具体包括：

①审核通用措施项目清单中相关的措施项目是否齐全，计算基础、费率应清晰；通用措施项目清单费用应根据相关计价规定、工程具体情况及企业实力进行计算，对其中未列的但实际会发生的措施项目应进行补充。

②专业措施项目费用是否按照专业措施项目清单数量进行计价，综合单价的组价原则应同分部分项工程量清单费用的组价原则进行计算，并提供工程量清单综合单价分析表，综合单价分析表格式与内容和分部分项工程量清单一致。

（4）其他项目费的审核

审核其他项目费是否按工程量清单给定的金额进行计价，具体包括：

①审核暂列金额是否按工程量清单给定的金额进行计价，根据招标文件及工程量清单的要求，应注意此部分费用是否应计算规费和税金。

②专业暂估价是否按招标工程量清单给定的价格进行计价，是否应计取了规费和税金。

③计日工是否按工程量清单给予的数量进行计价，计日工单价是否为综合单价。

④总承包服务费是否按招标文件及工程量清单的要求，结合自身实力对发包人发包专业工程和发包人供应材料计取总承包服务费，计取的基数是否准确，费率有无突破相关规定。

（5）规费、税金的审核

审核规费和税金的取费基数和费率是否严格执行国家、省市造价管理机构的有关规定，计算基数是否准确。

（6）注意事项

①为了保证计算出的招标控制价更加合理、保证招投标工作的公平性，在审核招标控制价时应考虑如下影响因素：

• 是否符合招标文件的要求。

• 工程的规模和类型、结构复杂程度。

• 工期的长短、必要的技术措施。

• 工程质量的要求。

• 工程所在地区的技术、经济条件等。

• 根据不同的承包方式，考虑不同的包干系数及风险系数。

• 现场的具体情况等。

②审核汇总后的招标控制价是否控制在标准的概算范围内，如超出原概算，招标人应将其报原概算审批部门审核。

③做好复核工作。审核过程中，为了检验成果的可行性，必须采用类比法。即利用工程所在地的类似工程的技术经济指标进行分析比较，进行可行性判断。如差距过大，应寻找原因，如设计错误，应予纠正。

④其他：

• 注意审核招标控制价编制中所参考的工程量清单的项目特征是否符合现场实际情况；所套用的材料是否与设计图纸描述相符。

• 审核招标控制价时，要全面了解市场价格，如果信息价格严重偏离市场价格，要对其进行修正。

• 审核招标控制价时，还需参考当地相应的计价办法并严格执行。

• 除以上要点，审核招标控制价还可参考招标控制价编制的注意事项。

4.2.4 招标控制价的投诉

2013 版建设工程工程量清单计价规范的指导思想是"政府宏观调控，企业自主报价，市场形成价格，社会有效监督"，这也是对招标人和投标人参与招投标活动指导思想的准确定位。然而在实际招投标活动中，由于目前建设市场一定程度上是招标人市场，招标人和投标人主体地位不同，双方掌握的权力和信息量不对等，导致招标控制价编制过程中存在着明显的倾向性问题：（1）招标控制价编制的依据缺乏统一标准规定，招标人存在过分压低招标控制价倾向；（2）目前招标控制价编制采取限高不限低的做法，投标人为中标存在投标报价低于成本价倾向。实践中低于成本价中标的案例也很多，给工程质量留下了极大的隐患；（3）招标控制价的准确性和合理性需加强；（5）招标控制价缺少有力的监督与审核，由业主操纵，容易影响投标报价和中标价。

投标人在接收到招标文件后，对招标控制价有异议的，可以进行投诉，根据《建设工程工程量清单计价规范》（GB 50500—2013）5.3.1 条规定：投标人经复核认为招标人公布的招标控制价未按本规范的规定进行编制的，应当在招标控制价公布后 5 天内向招投标监督机构和工程造价管理机构投诉。

具体的投诉程序如图 4-2 所示：

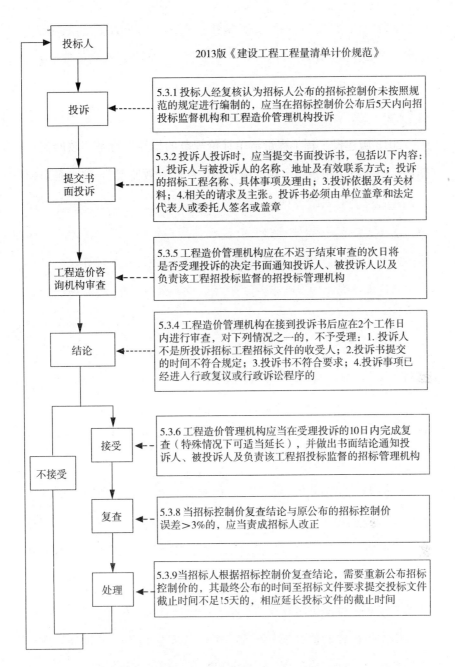

图 4-2 2013 版《建设工程工程量清单计价规范》

招标控制价投诉与处理程序

根据《建设工程工程量清单计价规范》 （GB 50500—2013）5.3.8 条规定：当招标控制价复查结论与原公布的招标控制价误差＞±3%的，应当责成招标人改正，并根据规定相应延长投标文件的截止时间。

4.2.5　招标控制价的管理

根据 13 版《清单计价规范》4.1.2 条规定，招标工程量清单必须作为招标文件的组成部分，其准确性和完整性由招标人负责。此条规定作为强制性规范，加强了招标人的管理责任。

因此，招标人在编制招标控制价时应确保其完整性及准确性。

1. 招标控制价的编制原则

招标控制价是控制投资，确定招标工程造价的重要手段，在计算时要求科学合理、计算准确，招标控制价应当参考建设行政主管部门制定的工程造价计价办法和计价依据以及其他有关规定，根据市场价格，由招标单位或委托有相应资质的招标代理机构和工程造价咨询单位以及监理单位等中介组织进行编制。

在招标控制价的编制过程中，应该遵循以下原则：

（1）根据国家公布的统一工程项目编码、统一工程项目名称、统一项目特征、统一计量单位、统一计算规则以及施工图、招标文件，并参照国家、行业或地方批准发布的定额和国家、行业、地方规定的技术标准规范，以及各要素市场价格确定招标控制价。

（2）招标控制价作为建设单位控制工程价格的一种手段，应力求与市场的实际变化吻合，要有利于竞争和保证工程质量。

（3）招标控制价应由分部分项工程费、措施项目费、其他项目费、规费、税金等组成，一般应控制在总概算（或修正概算）及投资包干的限额内。

（4）招标控制价应考虑人工、材料、设备、机械台班等价格变化因素，还应包括不可预见费（特殊情况），预算包干费、措施费（赶工措施项目费、施工技术措施费）、现场因素费用、保险，以及采用固定价格的工程的风险金等。工程要求优良的还应增加相应的费用。

（5）招标控制价的范围限制应合理，针对编制过低的招标控制价，投标人可以进行投诉。

2. 招标控制价编制方法

根据 13 版《清单计价规范》3.1.1 条规定，使用国有资金投资的建设工程发承包，必须采用工程量清单计价。3.1.2 条规定，非国有资金投资的建设工程宜采用工程量清单计价。3.1.3 条规定，不采用工程量清单计价的建设工程，应执行本规范除工程量清单等专门性规定以外的其他规定。

3. 编制招标控制价应考虑的其他因素

编制一个合理、可靠的招标控制价还应考虑以下因素：

（1）必须适应招标方的质量要求，优质优价，对高于国家施工及验收规范的质量因素有所反映。

（2）必须适应目标工期的要求，对提前工期因素有所反映。应将目标工期对照工期定额，按提前天数给出必要的赶工费和奖励，并列入招标控制价。

（3）必须适应建筑材料采购渠道和市场价格的变化，考虑材料价差因素，并将价差列入招标控制价。

（4）必须合理考虑招标工程的自然地理条件和招标工程范围等因素。将地下工程及"三通一平"等招标工程范围内的费用正确地计入。由于自然条件导致的不利因素也应考虑计入招标控制价。

（5）应根据招标文件或合同条件的规定，按规定的工程发承包模式，确定相应的加价方式，考虑相应的风险费用。

4.3 投 标 价

4.3.1 投标价的概述

1. 投标报价的概念

根据2013版《建设工程工程量清单计价规范》2.0.46规定"投标价是投标人投标时响应招标文件要求所报出的已标价工程量清单中标明的总价。"

2. 投标价的作用

工程量清单计价模式下，投标人的投标报价是剔除了一切如政府规定的费用、税金等不可竞争费，体现投标人自身技术和管理水平的自主报价，投标人报价过高会失去中标机会，投标过低则会存在亏损风险。因此，投标报价的作用主要体现在以下几方面：

（1）投标报价是招标人选择中标人的主要标准，也是招标人和中标人签订承包合同价的主要依据，选择合理的投标报价能够对招标人加强建设项目的投资控制起到重要作用；

（2）工程量清单计价模式下"量"的风险由招标人承担，投标人仅承担"价"的风险，因此，投标报价可以充分体现投标人先进的自身技术和管理水平，加强了竞争；

（3）工程量清单计价模式下，投标报价是施工过程中支付工程进度款的依据，当发生工程变更时，投标报价也是合同价格调整或索赔的重要参考标准。

3. 投标报价的管理

（1）投标报价的编制

根据 2013 版《建设工程工程量清单计价规范》（GB 50500—2013）的规定，投标价应由投标人或受其委托具有相应资质的工程造价咨询人编制。

（2）投标报价的审核

投标报价的审核工作内容主要包括：造价咨询单位接受招标人委托对投标人投标报价的符合性及合理性进行审核，识别投标报价是否使用了投标报价策略，并根据其使用的投标报价策略，给出相应的对策及建议等。

4.3.2 投标价的编制

1. 投标报价的定义

根据 2013 版《建设工程工程量清单计价规范》2.0.46 条规定，投标价是投标人投标时响应招标文件要求所报出的已标价工程量清单中标明的总价。

根据 2007 版《标准施工招标文件》第 3.2 条规定，投标人应按第五章"工程量清单"的要求填写相应表格。3.2.2 条规定，投标人在投标截止时间前修改投标函中的投标总报价，应同时修改第五章

"工程量清单"中的相应报价。

2007版《标准施工招标文件》第五章工程量清单，第二条投标报价说明中规定，工程量清单中每一子目须填入单价或价格，且只允许有一个报价。工程量清单中标价的单价或金额，应包括人工费、施工机械使用费、材料费、其他（运杂费、质检费、安装费、缺陷修复费、保险费，以及合同明示或暗示的风险、责任和义务等），以及管理费、利润等。工程量清单中投标人没有填入单价或价格的子目，其费用视为已分摊在工程量清单中其他相关子目的单价或价格中。

因此，投标报价为投标人根据招标文件所报出的已标价工程量清单中标明的总价。

2. 投标报价的编制

根据2013版《建设工程工程量清单计价规范》6.1.1条规定，投标报价应由投标人或受其委托具有相应资质的工程造价咨询人编制。6.1.2条规定，除本规范强制性规定外，投标人应根据本规范第6.2.1条的规定自主确定投标报价。

1）投标报价的编制依据

2013版《建设工程工程量清单计价规范》5.2.1规定，投标报价应根据下列依据编制和复核：

（1）《建设工程工程量清单计价规范》（GB 50500—2013）；

（2）国家或省级、行业建设主管部门颁发的计价办法；

（3）企业定额，国家或省级、行业建设主管部门颁发的计价定额和计价办法；

（4）招标文件、招标工程量清单及其补充通知、答疑纪要；

（5）建设工程设计文件及相关资料；

（6）施工现场情况、工程特点及投标时拟定的施工组织设计或施工方案；

（7）与建设项目相关的标准、规范等技术资料；

（8）市场价格信息或工程造价管理机构发布的工程造价信息；

（9）其他的相关资料。

2）投标报价编制的注意事项

投标报价是一项复杂的系统工程，在编制投标报价之前需要一系列的准备过程，包括通过资格预审、获取招标文件、组织投标报价项目组、研究招标文件、工程现场调查、调查询价等过程，在完成这些准备工作之后开始投标报价的编制工作。

投标报价的编制，应首先根据招标人提供的工程量清单编制分部分项工程量清单与计价表、措施项目清单与计价表、其他项目清单与计价表、规费、税金项目清单与计价表，计算完毕之后，汇总而得到单位工程投标报价汇总表，再层层汇总，分别得出单项工程投标报价汇总表和工程项目投标总价汇总表。

（1）分部分项工程费的编制

承包人投标价中的分部分项工程费的确定采用综合单价法，按招标文件中分部分项工程量清单项目的特征描述确定综合单价计算，确定综合单价是分部分项工程工程量清单与计价表编制过程中最主要的内容。分部分项工程量清单综合单价，包括完成单位分部分项工程所需的人工费、材料费、机械使用费、管理费、利润，并考虑风险费用的分摊。即：

$$\text{分部分项工程综合单价}＝\text{人工费}＋\text{材料费}＋\text{机械使用费}＋$$

$$\text{管理费}＋\text{利润}＋\text{风险费用} \qquad\qquad \text{式 4-1}$$

分部分项工程单价确定的步骤如下：

①确定计算基础

计算基础主要包括消耗量的指标和生产要素的单价。应根据本企业的企业实际消耗量水平，并结合拟定的施工方案确定完成清单项目需要消耗的各种人工、材料、机械台班的数量。计算时应采用企业定额，在没有企业定额或企业定额缺项时，可参照与本企业实际水平相近的国家、地区、行业定额，并通过调整来确定清单项目的人、材、机单位用量。各种人工、材料、机械台班的单价，则应根据询价的结果和市场行情综合确定，人工单价应根据当地的劳务工资水平，参考工程造价管理机构发布的工程造价信息进行确定。材料、机械台班的单价应根据供应情况及市场价格，并参考工程造价管理机构发布的工程造价信息进行合理确定。

②分析各清单项目的工程内容

在招标文件提供的工程量清单中，招标人已对项目特征进行了准确、详细的描述，投标人根据这一描述，再结合施工现场情况和拟定的施工方案确定完成各清单项目实际应发生的工程内容。必要时可参照《建设工程工程量清单计价规范》中提供的工程内容，有些特殊的工程也可能发生规范列表之外的工程内容。

③计算工程内容的工程数量与清单单位的含量

每一项工程内容都应根据所选定额的工程量计算规则计算其工程数量，当定额的工程量计算规则与清单的工程量计算规则相一致时，可直接以工程量清单中的工程量作为工程内容的工程数量。

当采用清单单位含量计算人工费、材料费、机械使用费时，还需要计算每一计量单位的清单项目所分摊的工程内容的工程数量，即清单单位含量。

$$清单单位含量 = \frac{某工程内容的定额工程量}{清单工程量} \qquad 式4\text{-}2$$

④人工、材料、机械费用的计算

人工、材料、机械费用的计算，以完成每一计量单位的清单项目所需的人工、材料、机械用量为基础计算，即：

$$\begin{array}{c}每一计量单位清单项目\\某种资源的使用量\end{array} = \begin{array}{c}该种资源的定\\额单位用量\end{array} \times \begin{array}{c}相应定额条目的\\清单单位含量\end{array}$$

$$式4\text{-}3$$

再根据已确定各种生产要素的单位价格可计算出每一计量单位清单项目的分部分项工程的人工费、材料费与机械使用费。

$$人工费 = \begin{array}{c}完成单位清单项目\\所需工人的工日数量\end{array} \times \begin{array}{c}每工日的人\\工日工资单价\end{array} \qquad 式4\text{-}4$$

$$材料费 = \sum \begin{array}{c}完成单位清单项目所需\\各种材料、半成品的数量\end{array} \times \begin{array}{c}各种材料、\\半成品单价\end{array} \qquad 式4\text{-}5$$

$$机械使用费 = \sum \begin{array}{c}完成单位清单项目所需\\各种机械的台班数量\end{array} \times \begin{array}{c}各种机械\\的台班单价\end{array} \qquad 式4\text{-}6$$

当招标人提供的其他项目清单中列示了材料暂估价时，应根据招标提供的价格计算材料费，并在分部分项工程量清单与计价表中表现出来。

⑤企业管理费和利润的计算

企业管理费和利润这两项费用应包括在清单的综合单价中，通常是按清单项目的人工费或直接费（人工费＋材料费＋机械费）乘以规定的比率得出，其计算的基数按当地的费用定额的相关规定执行，比率的确定应结合企业的具体情况参考当地的费用定额标准合理确定。即：

$$管理费 = \left(人工费 + 材料费 + \frac{机械}{使用费}\right) \times 管理费费率 \qquad 式4-7$$

$$利润 = \left(人工费 + 材料费 + \frac{机械}{使用费} + 管理费\right) \times 利润率 \qquad 式4-8$$

⑥风险费的计算

编制人应根据招标文件、施工图纸、合同条款、材料设备价格水平及项目周期等实际情况合理确定，风险费用通常按费率计算，可以直接费作为基数，也可以材料费作为计算基数。

⑦计算综合单价

每个清单项目的人工费、材料费、机械使用费、管理费、利润和风险费用之和为单个清单项目合价，单个清单项目合价除以清单工程量，即为单个清单项目的综合单价。

⑧工程量清单综合单价分析表的编制

为表明分部分项工程量综合单价的合理性，投标人应对其进行单价分析，以作为评标时判断综合单价合理性的主要依据。

综合单价分析表的编制应反映出上述综合单价的编制过程，并按照规定的格式进行，如表4-5所示。

⑨分部分项工程量清单与计价表的编制

根据计算出的综合单价，可编制分部分项工程量清单与计价分析表，如表4-6所示。

建设项目招标投标阶段工程造价的管理

表 4-5

工程量清单综合单价分析表

工程名称：××中学教师住宅工程

项目编码	010201003001	项目名称	混凝土灌注桩	标段：	计量单位	m³

清单综合单价组成明细

定额编号	定额名称	定额单位	数量	单价				合价			
				人工费	材料费	机械费	管理费利润	人工费	材料费	机械费	管理费利润
AB0291	挖孔桩芯混凝土 C25	10m³	0.0575	878.85	2813.57	83.50	253.45	50.53	151.79	4.80	15.15
AB0284	挖孔桩护壁混凝土 C20	10m³	0.02255	893.95	2732.48	85.32	258.54	20.15	51.52	1.95	5.05
人工单价	小计							70.68	223.31	5.75	20.20
38元/工日	未计价材料费										
	清单项目综合单价							322.05			

材料费明细	主要材料名称、规格、型号	单位	数量	单价（元）	合价（元）	暂估单价（元）	暂估合价（元）
	混凝土 C25	m³	0.584	258.09	150.72		
	混凝土 C20	m³	0.284	243.45	69.17		
	水泥 42.5	kg	（275.389）	0.555	（152.84）		
	中砂	m³	（0.384）	79.00	（30.34）		
	砾石 5～40mm	m³	（0.732）	45.00	（32.94）		
	其他材料费				5.37		
	材料费小计				441.38		

注：1. 如不使用省级或行业建设主管部门发布的计价依据，可不填定额项目、编号等。

2. 招标文件提供了暂估单价的材料，按暂估的单价填入表内"暂估单价"栏及"暂估合价"栏。

表 4-6   **分部分项工程量清单与计价表**

工程名称：××中学教师住宅工程   标段：   第 1 页　共 5 页

序号	项目编码	项目名称	项目特征描述	计量单位	工程量	金　额（元）		
						综合单价	合价	其中：暂估价
			A.2 桩与地基基础工程					
3	010201-003001	混凝土灌注桩	人工挖孔，二级土，桩长 10m，有护壁段长 9m，共 42 根，桩直径 1000mm，扩大头直径 1100mm，桩混凝土为 C25，护壁混凝土为 C20	m	420	322.05	135255	
			（其他略）					
			分部小计				397283	
本页小计							497040	
合　计							497040	

注：根据住房和城乡建设部发布的《建筑安装工程费用组成》（建标〔2003〕205 号）的规定，为计取规费等的使用，可在表中增设："直接费"、"人工费"或"人工费＋机械费"。

（2）措施项目费的编制

措施项目费的确定应根据招标文件中的措施项目清单及投标时拟定的施工组织设计或施工方案按不同报价方式自主报价。

由于各投标人拥有的施工装备、技术水平和采用的施工方法有所差异，而招标人提出的措施项目清单是根据一般情况确定的，没有考虑不同投标人的特点，因此，投标人投标时应根据自身编制的投标施工组织设计或施工方案确定措施项目，对招标人提供的措施项目进行调整。但是投标人根据投标施工组织设计或施工方案调整和确定的措施项目应通过评标委员会的评审。

"措施项目清单与计价表（一）"（表 4-7）中的措施项目，可以"项"为单位的方式计价，应包括除规费、税金外的全部费用。可以根据《建筑安装工程费用项目组成》（建标［2003］205 号）的规定，以"人工费"或"直接费"作为计算基数，按一定的费率计算措施项目费用，费率应根据项目及公司的实际情况并参考当地计价的相关规定进行确定，没有规定的应根据实际经验进行计算。

"措施项目清单与计价表（二）"（表 4-8）中的措施项目，可以计算工程量，应采用综合单价计价进行计算，综合单价计价的计算方法与分部分项工程费计算方法相同，根据特征描述找到定额中与之相对应的项，进行定额工程量的计算，选用单价组合人工、材料、机械费，并计算管理费、利润和风险费用，最终确定综合单价。

措施项目清单中的安全文明施工费应按照国家或省级、行业建设主管部门的规定计价，不得作为竞争性费用。这是因为，根据《中华人民共和国安全生产法》、《中华人民共和国建筑法》、《建设工程安全生产管理条例》（国务院［2003］第 393 号）、《安全生产许可证条例》（国务院［2004］第 397 号）等法律、法规的规定，住房和城乡建设部办公厅印发了《建筑工程安全防护、文明施工措施费及使用管理规定》（建办［2005］89 号），将安全文明施工费纳入国家强制性标准管理范围，其费用标准不予竞争。《清单计价规范》规定，措施项目清单中的安全文明施工费应按国家或省级、行业建设主管部门的规定费用标准计价，招标人不得要求投标人对该项费用进行优惠，投标人也不得将该项费用参与市场竞争。

表 4-7 措施项目清单与计价表（一）

工程名称：××中学教师住宅工程　　　标段：　　　第1页　共1页

序号	项目名称	计算基础	费率（%）	金额（元）
1	安全文明施工费	人工费	30	222742
2	夜间施工费	人工费	1.5	11137
3	二次搬运费	人工费	1	7425
4	冬雨季施工	人工费	0.5	4455
5	大型机械设备进出场及安拆费			13500
6	施工排水			2500
7	施工降水			17500
8	地上、地下设施、建筑物的临时保护设施			2000
9	已完工程及设备保护			5000
10	各专业工程的措施项目			255000
(1)	垂直运输机械			105000
(2)	脚手架			150000
	合　计			796286

2013版《建设工程工程量清单计价规范》宣贯培训丛书

表 4-8　　　　　　　措施项目清单与计价表（二）

工程名称：××中学教师住宅工程　　　　标段：　　　第1页　共1页

序号	项目编码	项目名称	项目特征描述	计量单位	工程量	金额（元）	
						综合单价	合价
1	AB001	现浇混凝土平板模板及支架	矩形板，支模高度3m	m²	1200	18.37	22044
2	AB002	现浇钢筋混凝土有梁板及支架	矩形梁，断面200mm×400mm，梁底支模高度2.5m，板底支模高度3m	m²	1500	23.97	35955
		...					
本页小计							57999
合　计							57999

（3）其他项目费的编制

其他项目费主要包括暂列金额、暂估价、计日工以及总承包服务费组成（如表4-9所示）。

表 4-9　　　　　　其他项目清单与计价汇总表

工程名称：××中学教师住宅工程　　　　标段：　　　第1页　共1页

序号	项目名称	计量单位	金额（元）	备注
1	暂列金额	项	300000	
2	暂估价		100000	
2.1	材料暂估价		—	

2013版《建设工程工程量清单计价规范》宣贯培训丛书

续表

序号	项目名称	计量单位	金额（元）	备注
2.2	专业工程暂估价	项	100000	
3	计日工		20210	
4	总承包服务费		15000	
	合计		135210	—

投标人对其他项目费投标报价时应遵循以下原则，暂列金额应按其他项目清单中列出的金额填写，不得变动，如表4-10所示。

表4-10　　　　　　　　　暂列金额明细表

工程名称：××中学教师住宅工程　　　　标段：　　　　第1页　共1页

序号	项目名称	计量单位	暂定金额（元）	备注
1	工程量清单中工程量偏差和设计变更	项	100000	
2	政策性调整和材料价格风险	项	100000	
3	其他	项	100000	
合计			300000	

②暂估价中的材料暂估价必须按照招标人提供的暂估单价计入分部分项工程费用中的综合单价（如表4-11所示）；专业工程暂估价必须按照招标人提供的其他项目清单中列出的金额填写（如表4-12所示）。材料暂估单价和专业工程暂估价均由招标人提供，为暂估价格，在工程实施过程中，对于不同类型的材料与专业工程采用

不同的计价方法。

a. 招标人在工程量清单中提供了暂估价的材料和专业工程属于依法必须招标的，由承包人和招标人共同通过招标确定材料单价与专业工程中标价；

b. 若材料不属于依法必须招标的，经发承包双方协商确认单价后计价；

c. 若专业工程不属于依法必须招标的，由发包人、总承包人与分包人按有关计价依据进行计价。

表 4-11　　　　　　　　　　材料暂估单价表

工程名称：××中学教师住宅工程　　　标段：　　　　　第 1 页　共 1 页

序号	材料名称、规格、型号	计量单位	单价（元）	备注
1	钢筋（规格、型号综合）	t	5000	用在所有现浇混凝土钢筋清单项目

表 4-12　　　　　　　　　专业工程暂估价表

工程名称：××中学教师住宅工程　　　标段：　　　　　第 1 页　共 1 页

序号	工程名称	工程内容	金额（元）	备注
1	入户防盗门	安装	100000	
合计			100000	—

③计日工包括人工、材料和施工机械。人工单价、材料单价和机械台班单价按市场价格并参考工程造价信息颁布的价格计取，根据工程实际情况参考当地费用定额的规定计取管理费、利润及风险形成综合单价，再按工程量清单中给定的暂定数量计算合价（如表 4-13 所示）。

2013版《建设工程工程量清单计价规范》宣贯培训丛书

表 4-13　　　　　　　　　计日工表

工程名称：××中学教师住宅工程　　　标段：　　　第 1 页　共 1 页

序号	项目名称	单位	暂定数量	综合单价(元)	合价(元)
一	人工				
1	普工	工日	200	35	7000
2	技工（综合）	工日	50	50	2500
人工小计					9500
二	材料				
1	钢筋（规格、型号综合）	t	1	5500	5500
2	水泥 42.5	t	2	571	1142
3	中砂	m³	10	83	830
4	砾石（5～40mm）	m³	5	45	225
5	页岩砖（240mm×115mm×53mm）	千匹	1	340	340
材料小计					8037
三	施工机械				
1	自升式塔式起重机（起重力矩 1250kN·m）	台班	5	525.20	2626
2	灰浆搅拌机（400L）	台班	2	18.38	37
施工机械小计					2663
总　计					20200

④总承包服务费应根据招标人在招标文件中列出的分包专业工程内容和供应材料、设备情况，按照招标人提出的协调、配合与服务要求和施工现场管理需要自主确定（如表 4-14 所示）。

表 4-14　　　　　　　　总承包服务费计价表

工程名称：××中学教师住宅工程　　　标段：　　　第 1 页　共 1 页

序号	项目名称	项目价值（元）	服务内容	费率（%）	金额（元）
1	发包人发包专业工程	100000	按专业工程承包人的要求提供施工工作面并对施工现场进行统一管理，对竣工资料进行统一整理汇总	5	5000
2	发包人供应材料	1000000	为专业工程承包人提供垂直运输机械和焊接电源接入点，并承担垂直运输费和电费 为防盗门安装后进行补缝和找平并承担相应费用	5	5000
			对发包人供应的材料进行验收及保管和使用发放	1	10000
合　计					20000

⑤规费、税金的编制

规费和税金应按国家或省级、行业建设主管部门的规定计算，不得作为竞争性费用。这是由于规费和税金的计取标准是依据有关法律、法规和政策规定制定的，具有强制性。因此，投标人在投标报价时必须按照国家或省级、行业建设主管部门的有关规定计算规费和税金。规费、税金项目清单与计价表的编制如表 4-15 所示。

表 4-15　　　　　　　　规费、税金项目清单与计价表

工程名称：××中学教师住宅工程　　　标段：　　　第 1 页　共 1 页

序号	项目名称	计算基础	费率（%）	金额（元）
1	规费			——
1.1	工程排污费	按工程所在地环保部门规定按实计算		——
1.2	社会保障费	（1）＋（2）＋（3）		153353
（1）	养老保险费	人工费	14	103945
（2）	失业保险费	人工费	2	14894
（3）	医疗保险费	人工费	5	44558
1.3	住房公积金	人工费	5	44558
1.4	危险作业意外伤害保险	人工费	0.5	3712
2	税金	分部分项工程费＋措施项目费＋其他项目费＋规费	3.41	252554
				617574

5. 投标报价封面及总说明的编制

一、封面的编写

投标报价的封面应按表 4-16 规定填写，投标人及法定代表人应盖章，编制人应盖造价人员资质章并签字。

表 4-16　　　　　　　　　　**投标报价封面示例**

投标总价

招　标　人：_____

工程名称：_____

投标总价（小写）：_____

（大写）：_____

投　标　人：_____

（单位盖章）

法定代表人：_____

或其授权人：_____

（签字或盖章）

编　制　人：_____

（造价人员签字盖专用章）

编 制 时 间：××××年×月×日

二、总说明的编写

投标报价总说明应根据委托的项目实际情况填写，并应对以下内容进行说明：

（一）工程概况：建设规模、工程特征、计划工期、合同工期、实际工期、施工现场及变化情况、施工组织设计的特点、自然地理条件、环境保护要求等；

（二）投标报价的编制依据；

（三）其他需要说明的事项。

6. 投标报价的汇总

在确定分部分项工程费、措施项目费、其他项目费、规费及税金并编制完成分部分项工程量清单与计价表、措施项目清单与计价表、其他项目清单与计价表、规费、税金项目清单与计价表后，汇总得到单位工程投标报价汇总表，再层层汇总，分别得出单项工程投标报价汇总表和工程项目投标总价汇总表，全部过程如图 4-3 所示。

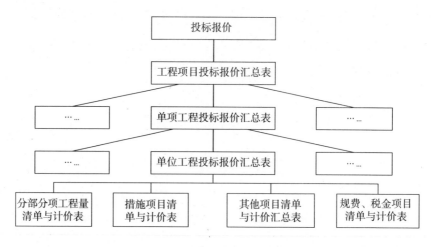

图 4-3 投标报价汇总流程

投标人的投标总价应当与组成工程量清单的分部分项工程费、措施项目费、其他项目费和规费、税金的合计金额相一致，即投标人在进行工程量清单招标的投标报价时，不能进行投标总价优惠（或降价、让利），投标人对投标报价的任何优惠（或降价、让利）均应反映在相应清单项目的综合单价中。

4.3.3 投标价的审核

根据投标报价的编制依据进行审核，根据 13 版《清单计价规范》中关于投标报价的相关规定，应该从以下几个方面进行审核：

1. 综合单价中应包括招标文件中划分的应由投标人承担的风险范围及其费用。

2. 分部分项工程费和措施项目中的单价项目，应依据招标文件及其招标工程量清单项目中的特征描述确定综合单价计算。

3. 措施项目中的总价项目金额应根据招标文件中的措施项目清单及投标时拟定的施工组织设计或施工方案按综合单价计价的方式自主确定。其中安全文明施工费按国家或省级、行业建设主管部门的规定计算，不得作为竞争性费用。

4. 其他项目：

（1）暂列金额应按招标工程量清单中列出的金额填写；

（2）材料、工程设备暂估价应按招标工程量清单中列出的单价计入综合单价；

（3）专业工程暂估价应按招标工程量清单中列出的填写；

（4）计日工应按招标工程量清单中列出的项目和数量，自主确定综合单价并计算计日工金额；

（5）总承包服务费应根据招标工程量清单中列出的内容和提出的要求自主确定。

5. 招标工程量清单与加价表中列明的所有需要填写单价和合价的项目，投标人均应填写且只允许有一个报价。未填写单价和合价的项目，视为此项目费用已包含在已标价工程量清单中其他项目的单价和合价之中。竣工结算时，此项目不得重新组价予以调整。

6. 投标总价应当与分部分项工程费、措施项目费、其他项目费和规费税金的合计金额一致。

4.3.4 投标价的管理

投标报价编制的关键在于投标人最终确定的投标报价能够被招标人所接受。为了达到中标的目的，投标人的投标策略至关重要。所谓投标报价策略，是指投标单位在合法竞争条件下，依据自身的实力和条件，确定的投标目标、竞争对策和报价技巧。即决定投标报价行为的决策思维和行动，包含投标报价目标、对策、技巧三要素。对投标单位来说，在掌握了竞争对手的信息动态和有关资料之后，一般是在对投标报价策略因素综合分析的基础上，决定是否参加投标报价；决定参加投标报价后确定什么样的投标目标；在竞争中采取什么对策，以战胜竞争对手，达到中标的目的。这种研究分析，就是制定投标报价策略的具体过程。

1. 投标报价的选择目标

由于投标单位的经营能力和条件不同，出于不同目的需要，对同一招标项目，可以有不同投标报价目标的选择。

（1）生存型。投标报价是以克服企业生存危机为目标，争取中标可以不考虑种种利益原则。

（2）补偿型。投标报价是以补偿企业任务不足，以追求边际效益为目标。对工程设备投标表现较大热情，以亏损为代价的低报价，具有很强的竞争力。但受生产能力的限制，只宜在较小的招标项目考虑。

（3）开发型。投标报价是以开拓市场，积累经验，向后续投标项目发展为目标。投标带有开发性，以资金、技术投入手段，进行技术经验储备，树立新的市场形象，以便争得后续投标的效益。其

建设项目招标投标阶段的工程造价管理

特点是不着眼一次投标效益，用低报价吸引投标单位。

（4）竞争型。投标报价是以竞争为手段，以低盈利为目标，报价是在精确计算报价成本基础上，充分估价各个竞争对手的报价目标，以有竞争力的报价达到中标的目的。对工程设备投标报价表现出积极的参与意识。

（5）盈利型。投标投价充分发挥自身优势，以实现最佳盈利为目标，投标单位对效益无吸引力的项目热情不高，对盈利大的项目充满自信，也不太注重对竞争对手的动机分析和对策研究。

不同投标报价目标的选择是依据一定的条件进行分析决定的。竞争性投标报价目标是投标单位追求的普遍形式。

2. 决定选择投标报价目标的因素

确定什么样的投标报价目标不是随心所欲，任意选择的。首先要研究招标项目在技术、经济、商务等诸多方面的要求，其次是剖析自身的技术、经济、管理诸多方面的优势和不足，然后将自身条件同投标项目要求逐一进行对照，确定自身在投标报价中的竞争位置，制定有利的投标报价目标。这种分析和对照主要考虑以下因素。

（1）技术装备能力和工人技术操作水平。投标项目的技术条件，给投标单位提出了相应技术装备能力和工人技术操作水平的要求。如果不能适应，就需要更新或新置技术设备，对工人进行技术培训，或是转包和在外组织采购，因此投标单位有无能力或由此引起的报价成本的变化，都直接影响着投标目标的选择。反之，具有较高技术装备和操作能力的投标单位去承担技术水平较低的工程项目，效益选择同样有较大局限性。

（2）设计能力。工程设计往往是投标项目组成部分，在综合性的招标项目中，设计工作要求和工作量占有更重要的地位，投标单位的设计能力能否适应招标项目的要求，直接决定着投标的方式和投标目标的选择，一个适应招标工程的设计能力，可以充分发挥投标单位的优势，立于竞争的主动地位。

（3）对招标项目的熟悉程序。所谓熟悉程度是投标单位对此工程项目过去是否承建过，积累有什么经验，预测风险的能力有多大等等。项目熟悉就可以增强信心，减轻风险损失，尽可能扩大投标的竞争能力。项目不熟悉，就要充分考虑不可预见的风险因素，提供保障措施和设计应变能力。这就意味着间接投入的增多，在投标目标选择上就有一定的困难。

（4）投标项目可带来的随后机会。所谓随后机会，就是投标单位在争取中标后，可能给今后连续性投标带来的中标机遇，或是在今后对类似项目在投标时采取中标占有有利位置。如果随后机会较多，对投标单位树立形象和扩大市场有利，那么对这一招标项目在经济利益上做某些让步达到中标目的也是有利的。如果随后机会不多，那么对投标的经济效益要着重考虑。

（5）投标项目可能带来的出口机会。扩大国际市场，争取在国际投标中有位置是投标单位追求的重要目标，对能够给国际投标取胜带来较大机会的投标项目，无疑是投标单位应首先考虑的问题。它决定着对这一投标项目现实效益的低水平选择。

（6）投标项目可能带来的生产质量提高。投标项目一方面需要相适应的生产装备和劳动技能，另一方面也可能给投标单位带来技术的进步，管理水平的加强和工作质量的提高，这种质量提高的程度，无疑是投标单位感兴趣的，直接影响其投标盈利目标的决策。

（7）投标项目可能带来的成本降低机会，投标单位在争取中标后，在履约过程中，一般来说，各项管理提高的综合成果会直接反映在成本降低的机会和程度上，投标项目的完成能为以后承包经营带来成本降低较多较大的机遇，也会影响到投标单位投标盈利目标的决策。

（8）投标项目的竞争程度。所谓竞争程度是指参与投标的单位的数量和各竞争投标者投标的动机和目标。它是从外部制约着投标单位效益目标选择的分寸。投标的竞争性决定了投标单位在投标时必须以内部条件为基础，以市场竞争为导向，制定正确的投标目标。

除此之外，对于不同投标单位来说，诸如承包工程交货条件、付款方式、历史经验、风险性等都是影响到投标目标选择的因素，从而对选择投标目标的决策起重要作用。

3. 决定投标目标因素的量化分析

决定投标目标的因素一般不是孤立发生作用的，对不同投标单位来说，各个不同投标项目的决定因素影响程度和作用方向也是不同的。必须加以全面平衡，综合考虑。在这里，一个很重要的技术问题是把不可比较的诸现象因素，经过分析转化为可以比较的量化因素，用计算投标机会总分值的方法，具体确定投标目标的选择。其程序是：

（1）根据投标单位情况，具体确定参与量化分析的基本因素。量化分析因素的选择，要根据投标项目的不同情况决定，能反映生产、经营、技术、质量各个侧面，并抓住主要环节。

（2）对选定的量化分析因素，衡量它在企业生产经营中相对重要程度，分别确定加权数，权数累计为 100。

（3）用打分法衡量投标项目对量化分析因素的满足程度，确定其相对分值。将各量化因素划分为高（10 分）、中（5 分）、低（0 分）三档打分，便于比较。例如，投标单位现有技术装备能力和工人操作水平对完成投标项目有较大可能，则可将该因素的相对分值判为"高"，定为 10 分。

（4）把各项因素的权数与判定满足程度的等级相对分值相乘，求出每项因素的得分；将各项因素得分相加，得出此工程设备项目投标机会的总分值。例如：某工程设备项目的投标机会评价。

（5）将该工程设备项目投标机会总分值 825 分同投标单位事先确定的可接受最低报价分值进行比较，确定是否参与投标报价和怎样报价（即依据什么样的目标报价）。一般来说：

①投标机会总分值低于预定最低报价分值时，可以选择放弃投标报价机会；投标机会总分高于预定最低报价分数时，可以决定参与投标报价。

②在投标机会总分高出预定最低报价分数的区间里，是选择投标报价的理想目标。通常区间愈大，选择的机会愈多，范围愈大；区间愈小，选择的机会愈少，范围愈小。

4.4　合同价款的形成

4.4.1　中标价与签约合同价的概述

1. 签约合同价（合同价款）的概念

根据《中华人民共和国招标投标法》第 46 条规定：招标人和中

标人应当自中标通知书发出之日起 30 日内，按照招标文件和中标人的投标文件订立书面合同。同时，《建设工程工程量清单计价规范》（GB 50500—2013）的 7.1.1 条也有相同的规定。依照上述规定，在中标通知书发出之后，招标人与中标人应依照招标文件和中标人的投标文件，在不背离合同实质性内容的前提下进行谈判，在规定期限内达成一致并签订合同。

签约合同价在数值上等于中标价。除非在中标通知书到合同签订期间，国家法律法规发生重大变化，如税收政策发生改变，合同双方可进行商议，在中标价的基础上做出修正，形成新的价格作为签约合同价。合同的签订，标志着签约合同价的最终确定。根据 2013 版《清单计价规范》2.0.47 条规定，签约合同价（合同价款）是发承包双方在工程合同中约定的工程造价，包括了分部分项工程费、措施项目费、其他项目费、规费和税金的合同总金额。

2. 中标价与签约合同价的管理

（1）合同价格的确定

根据《建设工程工程量清单计价规范》（GB 50500—2013）7.1.1 条规定实行招标的工程合同价款应在中标通知书发出之日起 30 日内，由发承包双方依据招标文件和中标人的投标文件在书面合同中约定。

合同不得违背招投标文件中关于工期、造价、质量等方面的实质性内容，招标文件与中标人投标文件不一致的地方，以投标文件为准。

（2）合同形式的选择

根据《中华人民共和国合同法》、《建设工程施工合同（示范文本)》（GF-1999-0201）及住房和城乡建设部的有关规定，依据招标文件、投标文件，双方在签订施工合同时，按计价方式的不同，双方可选择不同确定合同价的方式。这里的合同价就是指《标准施工招标文件》（发改委［2007］第56号）中的签约合同价，是合同双方订立合同时，合同协议书中所载明的标的物价格，而非承包商履行完成所有合同义务时所得的实际价款。

合同的主要类型为，单价合同、总价合同、成本加酬金合同，根据相应的建设工程特征选择适宜的合同类型。

4.4.2 中标价

1. 中标价的概念

中标价是项目建设过程中经过招标、投标、开标、评标、定标等环节确定中标人之后，发出中标通知书，中标通知书中所载明的价格。中标通知书是指招标人在确定中标人后向中标人发出的，接受投标人提出要约的书面承诺文件。中标通知书的内容应当简明扼要，通常只需告知投标人招标项目已经中标，并确定签订合同的时间、地点即可。中标通知书发出后，对招标人和中标人具有法律约束力。根据《中华人民共和国招投标法》第四十六条、《评标委员会和评标方法暂行规定》第五十一条、《工程建设项目施工招标投标办法》第五十九条、《工程建设项目货物招投标办法》第五十一条、《标准施工招标文件》第7.4款、《中华人民共和国招标投标法实施条例》第五十七条等文件的相关规定，招标人和中标人应当依照法律法规及相关条例的规定签订书面合同，合同的标的、价款、质量、履行期限等主要条款应当与招标文件和中标人的投标文件的内容一致。招标人和中标人不得再行订立背离合同实质性内容的其他协议，中标价在数字上等于签约合同价。中标价的来源就是中标人的投标报价，在数字上等于中标人经过初步评审后修正的投标报价，需要经过开标、评标、定标等过程确定中标人，然后发出中标通知书，至此形成中标价。

2. 中标价确定过程

（1）开标

开标应当按照招标文件规定的时间、地点和程序以公开的方式进行。开标由招标人主持，邀请评标委员会成员、投标人代表和有关单位代表参加。投标人检查投标文件的密封情况，确认无误后，由有关工作人员当众拆封、验证投标资格并宣读投标人名称、投标价格以及其他主要内容等。

（2）评标

评标是招投标过程中的核心环节。《中华人民共和国招标投标法》对评标做出了原则的规定。为了更为细致地规范整个评标过程，2001 年 8 月 5 日，国家计委、国家经贸委、住房和城乡建设部、铁道部、交通部、信息产业部、水利部联合发布了《评标委员会和评标方法暂行规定》。基于上述法律法规，以下简要介绍国内工程项目的评标过程。

评标活动应遵循公平、公正、科学、择优的原则，招标人应当采取必要的措施，保证评标在严格保密的情况下进行。评标是招标投标活动中一个十分重要的阶段，如果对评标过程不进行保密，则影响公正评标的不正当行为有可能发生。

评标委员会成员名单一般应于开标前确定，而且该名单在中标结果确定前应当保密。评标委员会在评标过程中是独立的，任何单位和个人都不得非法干预、影响评标过程和结果。

（3）定标

招标人应当在投标有效期截止时限 30 日前确定中标人。依法必须进行施工招标的工程，招标人应当自确定中标人之日起 15 日内，向工程所在地的县级以上地方人民政府建设行政主管部门提交施工招标投标情况的书面报告。建设行政主管部门自收到书面报告之日起 5 日内未通知招标人在招标投标活动中有违法行为的，招标人可以向中标人发出中标通知书，并将中标结果通知所有未中标的投标人。

（4）中标价的最终确定

中标人确定后，招标人应当向中标人发出中标通知书，并同时将中标结果通知所有未中标的投标人。中标通知书对招标人和中标人具有法律效力。中标通知书发出后，招标人改变中标结果，或者中标人放弃中标项目的，应当依法承担法律责任。中标通知书的发出标志着中标价的最终形成。

4.4.3　签约合同价

1. 签约合同价的概念

《建设工程工程量清单计价规范》（GB 50500—2013）给出了签约合同价的概念：签约合同价（合同价款）是指发承包双方在工程合同中约定的工程造价，包括了分部分项工程费、措施项目费、其他项目费、规费和税金的合同总金额。

签约合同价是合同当事人双方在协议书中约定，发包人用以支付承包人按照合同约定完成承包范围内全部工程并承担质量保修责任的价格。签约合同价是双方当事人关心的核心条款。招标工程的合同价款由合同双方依据中标通知中的中标价格在协议书内约定；合同价款在协议书约定后，任何一方不能擅自改变。

2. 合同类型选择

建设工程合同可分为总价合同、单价合同和成本加酬金合同。总价合同又分固定总价合同和可调总价合同；单价合同又分为固定单价合同和可调单价合同。

不同种类的合同，有不同的应用条件，有不同的权利与责任的分配，对合同双方有不同的风险。应按具体情况选择合同类型。有时在一个工程承包合同中，不同的工程分项采用不同的计价方式。下面对三种最典型的合同进行分析。

（1）单价合同

单价合同是最常见的合同种类，适用范围广，如 FIDIC《施工合同条件》（99 版）和我国的《建设工程施工合同（示范文本）》（GF-1999-0201）就是这一类。在这种合同中，承包商仅按合同规定承担报价的风险，即对报价（主要为单价）的正确性和适宜性承担责任，而工程量变化的风险由业主承担。由于风险分配比较合理，能够适应大多数工程，能调动承包商和业主双方的管理积极性。

单价合同的特点是单价优先，例如 FIDIC《施工合同条件》（99 版），业主给出工程量表中的工程量是参考数字，而实际工程款按实际完成的工程量和承包商所报的单价计算。虽然在投标报价、评标、签订合同中，人们常常注重总价格，但在工程款结算中单价优先，所以单价是不能错的。对于投标书中明显的数字计算错误，业主有权利先作修改再评标。

（2）固定总价合同

固定总价合同以一次包死的总价格委托，价格不因环境的变化和工程量增减而变化。所以在这类合同中承包商承担了全部工作量和价格风险。除了设计有重大变更，一般不允许调整合同价格。

这种合同，业主在实施过程中的合同管理及价格结算简单，但由于承包商承担了全部风险，因此报价中不可预见风险费用较高。承包商报价的确定必须考虑施工期间物价变化以及工程量变化带来的影响。在这样的合同中，由于业主没有风险，所以实施过程中干预工程的权利较小。

固定单价合同应用的前提是：

①工程设计深入、完善，设计图完整、详细、清楚。工程范围清楚明确，报价的工程量是准确的，而不是估计数字，对此承包商必须认真复核。

②工程结构、技术简单，工程量小，工期短，估计在工程过程中环境因素变化小（特别是物价）工程条件稳定，风险小。

③工程投标期相对宽裕，承包商可以作现场调查、复核工作量，分析招标文件，拟定计划。

④合同条件中双方的权利和义务十分清楚，合同条件完备。

固定总价合同和单价合同有时在形式上很相似。例如在有的总价合同的招标文件中也有工作量表，也要求承包商提出各项的报价，与单价合同在形式上很相近。但两者是性质上完全不同的合同类型。固定总价合同时总价优先，承包商报总价，双方商讨并确定合同总价，最终按总价结算。通常只有设计变更，或合同规定的调价条件，例如相关法律法规变化，才允许调整合同价格。

对于固定总价合同，承包商要承担两方面的风险：

①价格风险。价格风险包括：报价计算错误的风险、漏报项目风险、工程过程中由于物价和人工费涨价所带来的风险等。

②工作量风险。工作量风险包括：工作量计算错误的风险、由于工程范围不确定或预算时工程项目未列全造成的损失、由于投标报价时设计深度不够所造成的误差等。

③成本加酬金合同

合同中确定的工程合同价，其工程成本中的直接费（一般包括人工、材料及机械设备费）按实支付，管理费及利润按事先协议好的某一种方式支付。

这种合同形式主要适用于：在工程内容及技术指标尚未全面确定，报价依据尚不充分的情况下，业主又因工期要求紧迫急于上马的工程；施工风险很大的工程，或者业主和承包商之间具有良好的合作经历和高度的信任，承包商在某方面具有独特的技术、特长和经验的工程。

第5章　建设项目施工阶段的工程造价管理

随着2013版《清单计价规范》的出台，强化了"合同计价风险分担原则"的强制性效力，并规定招标人必须在招标文件中或在签订合同时，载明投标人应考虑的风险内容及其风险范围或风险幅度。这从本质上体现了风险分担原则应秉承一种权责利对等的思想，并考虑合同各方的意愿与能力，实现风险的合理分担。

此外，13版《清单计价规范》第3.4.2条明确规定了发包人应承担的影响合同价款的风险。

下列影响合同价款的因素出现，应由发包人承担：

（1）国家法律、法规、规章和政策发生变化；

（2）省级或行业建设主管部门发布的人工费调整，但承包人对人工费或人工单价的报价高于发布的除外；

（3）由政府定价或政府指导价管理的原材料等价格进行了调整的。

由此可见，与08版《清单计价规范》相比，13版《清单计价规范》进一步强化与明确了人工费调整的处理原则及政府定价或指导价管理的原材料价格的调整处理原则，加强了发包人承担的责任风险。此外，针对单价合同而言，合同约定的价款中所包含的工程量清单项目综合单价在约定条件内是固定的，不予调整，工程量允许调整。工程量清单项目综合单价在约定的条件外，允许调整。调整方式、方法应在合同中约定。

13 版《清单计价规范》第 3.4.3 条规定：由于市场物价波动影响合同价款，应由发承包双方合理分摊；合同没有约定的，发承包发生争议时，按第 9.9.1～9.9.3 条规定（材料、工程设备单价变化范围为 5%），调整合同价款。

第 3.4.4 条规定：由于承包人使用机械设备、施工技术以及组织管理水平等自身原因造成施工费用增加的，应由承包人全部承担。

由此可见，13 版《清单计价规范》第 3.4.3～3.4.4 条对计价风险的规定与 08 版《清单计价规范》风险分担原则一致，即体现单价合同风险分担原则：

（1）投标人应完全承担的风险是技术风险和管理风险，如管理费和利润；

（2）投标人应有限承担的是市场风险，如材料价格、施工机械使用费等风险；

（3）投标人完全不承担的是法律、法规、规章和政策变化的风险，此外还包括省级或行业建设主管部门发布的人工费调整、由政府定价或政府指导价管理的原材料等价格的调整。

发承包双方之间合理的风险分担，有效地改善了项目管理绩效，是项目成功的关键。

5.1 概　　述

5.1.1 施工阶段对工程造价管理的影响

施工阶段是生产建筑产品，实现建设工程价值的阶段，在实践中，往往把施工阶段作为工程造价管理的重要阶段和主要阶段。在招标投标阶段为建筑产品确定了合同价格，但在施工阶段该价格不是固定的，由于受各种因素的影响，工程造价必然发生变化，为有效控制造价，在施工阶段工程造价管理的主要任务是控制工程变更、做好现场签证管理、做好结算支付等来实现实际发生的费用不超过计划投资。

虽然施工阶段对工程造价的影响仅为 $10\%\sim15\%$，但这并不表明施工阶段对工程造价的管理无能为力，相反，施工阶段对工程造价的管理更有现实意义。施工阶段工程造价的管理是实现总体工程造价管理目标的最后阶段，它的管理效果决定了总体的管理效果；施工阶段工程造价管理进入了实际操作阶段，影响因素更多，情况更复杂。

在施工阶段，建设单位、施工单位、监理单位、设备材料供应商等，由于各处不同的利益主体，他们之间相互交叉、相互影响、相互制约，必然对工程造价有比较大的影响。因而，施工阶段对工程造价管理是从不同利益主体出发进行计划协调的工作，应该体现全过程、全要素和全方位的造价管理理念。

5.1.2　实施阶段的工作目标

施工阶段是实现建设工程价值的主要阶段，也是资金投入量最大的阶段。在施工阶段，由于施工组织设计、工程变更、工程计量方式的差别以及工程实施中各种不可预见因素的存在，使施工阶段的造价管理难度加大。

在施工阶段工程造价管理的目标是在满足合理质量标准和保证计划工期的前提下尽可能降低工程造价。一方面是在保证合理的质量、工期情况下尽可能降低工程造价，使投资得到有效控制。另一方面是通过控制工程变更、减少工程索赔、完善合同价款调整等工作提高工程造价管理的水平。

5.1.3　实施阶段的工作重点

1. 工程价款支付管理

做好工程价款支付管理工作，保证工程价款按时按量支付，可以有效减少纠纷，保证工程建设进度。

2. 控制工程变更

由于工程建设项目建设周期长，设计的经济关系和法律关系复杂，受自然条件和客观因素的影响大，导致项目的实际情况与项目招标投标时的情况会发生一些变化。所谓工程变更包括设计变更、进度计划变更、施工条件变更、工程量变更以及工程项目的变更等。

工程变更常发生于工程项目实施过程中，处理不好常会引起纠纷，损害业主或承包商的利益，对项目的目标控制不利。首先，工程变更容易引起投资失控。工程变更引起工程量变化、承包商索赔，可能使最终投资超过原来预计的投资。其次工程变更更容易引起停工、返工现象，会延迟项目的完工时间，对项目进度不利。最后，频繁的变更还会增加工程师的组织协调工程量，对项目实施质量控制和合同管理不利。

3. 管理工程索赔

目前，索赔已经成为承包商获取盈利的重要手段和经营策略之一。由于建筑市场竞争激烈，承包人为了取得工程，只能以低价中标，而通过工程施工过程中的索赔来提高合同价格，减少或转移工程风险，避免亏本，争取盈利。所以现代工程项目中的索赔业务越来越多，其目的是取得工期延长和费用补偿。因此，项目各方必须重视索赔问题，提高索赔管理水平。

4. 合同价款调整

工程建设领域中，合同价款调整往往难以达成预期成果，发承包双方因合同价款调整产生分歧或者损害一方利益现象严重，究其原因在于：由于施工合同本身的先天性缺陷，发承包双方未能在合同中明确并详细界定那些影响合同价款调整的风险因素，或者业主以利己的方式利用免责性条款进行不合理的风险转移，一旦这些风险发生且超过承包商所能控制的范围，承包商则寻找一切可以利用的合同价款调整机会平抑业主免责条款带来的风险，造成合同价款调整无据可依，导致此类风险发生后双方难以采取合理的途径实现合同价款的调整，致使项目谈判成本的增加，结算久拖不决。具体表现在：

（1）合同价款调整的风险因素范围约定不明造成合同执行困难。

（2）合同价款调整时不合理的风险再分担造成谈判成本增加。

5.2 工程价款支付管理操作实务

工程建设项目是一种经济活动，承包商在建设工程项目的同时业主需要支付工程价款，项目成本是工程项目建设过程中铁三角之一，而工程价款管理包含了对项目建设成本的管理，业主和承包商必须要重视工程价款支付的时间和数量，这就需要业主和承包商对工程价款进行管理。工程价款管理是指在项目建设前期及建设过程中，全过程、全方位、多层次地运用技术、经济及法律手段，合理解决价款的形成、确定、控制与支付等实际问题的活动。业主和承包商对工程项目建设管理的最基本、核心的依据就是双方签订的合同，承包商必须按照合同的约定履行其建设项目的义务，而业主也要按照合同的约定履行支付给承包商工程价款的义务。因此，业主和承包商双方必须都以合同为最基本的核心进行工程价款管理，按照合同约定确定工程价款的支付和调整金额，否则价款管理活动将会由于缺少有效的依据而缺少法律效力。

工程价款与项目时间进度和项目的建设质量是项目的铁三角，这三者密切相连，对工程价款的管理不能简单的与对项目工期和质量的管理割裂开来，而需要三者进行统一协调管理，在对工程价款进行管理时也要考虑对项目的时间和进度的管理。工程价款管理是以双方签订的合同为核心，因此对工程价款的管理必须要与合同管理相一致。对工程价款的管理，是要管理己方的权利不受损失，也是管理对方履行约定的义务，这就需要己方对工程价款专业人士的使用，也需要监督、协调、配合对方的工作，更需要与监理工程师和咨询单位进行合作与对话，这就不得不需要己方人员为保证工程价款的有效管理而进行人力资源管理、沟通管理等活动。此外由于工程价款与工程项目建设息息相关，因此工程价款管理就与项目建设的管理紧密相连。

工程价款管理并不是简单的对业主支付给承包商金额的管理，而是与合同的签订与管理、项目建设的管理紧密契合与渗透。工程价款管理的核心就是以合同为核心的项目管理。

5.2.1　工程价款的实现

1. 工程价款的实现前提（图 5-1）

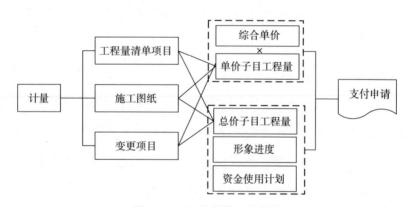

图 5-1　工程价款的实现前提

工程计量过程是依据合同条款的相关规定对承包商已完工程量的确定过程，是工程价款支付的前提条件。《标准施工招标文件》中规定承包商对已完工程进行计量，向监理人提交进度款付款申请表。工程价款的支付依赖于准确的工程计量。监理人在收到承包商提交的工程量报表后，需要对工程量进行复核。监理人对工程量表中工程量的认定的前提条件是承包商工程量表中的工程量是合同范围以内的工程，并且是已完的合格工程。所谓合同范围以内的工程包括工程量清单中的项目，工程图纸中的项目，变更项目。工程计量的最终目的在于完成工程价款的支付，所以工程计量的内容需要与计价方式相结合。在工程量清单中根据计价方式的不同，可以将工程计量分为单价子目和总价子目两种。单价子目是工程量清单中以单价计价的子目，一般可以按照约定工程量计量规则确定数量的子目。总价子目是在工程量清单中以项或总额为计量单位，以总价计价的子目。单价子目与总价子目在工程计量上的本质差异在于对支付的影响。工程量清单中单价子目的工程量一般与结算工程量不同。单价子目是以承包商实际完成工程量为最终结算工程量，工程计量的方法在工程量清单中也有明确的说明。每个计量周期内经过监理工程师确认后的单价子目工程量会在进度款中予以支付。因此，单价子目的工程量具备合同约束力。总价子目工程计量对于进度款的影响相对较小。总价子目的工程进度款支付一般都是以工程的形象进度或者合同约定的支付周期平均支付，工程计量结果只作为参考内容。如果总价子目在施工过程中没有发生变更，其支付的总额也不会发生变化。对于总价子目计量的目的更多的是对承包商已完总价子目工程质量的检验和监督。所以总价子目工程计量结果不具备合同约束力，而总价子目的合同价格具有合同约束力。

2. 工程价款的实现方式

工程价款的实现方式与建设工程项目的实施方式密不可分。工程价款应与工程施工同步实现。由于建设工程施工特殊的交易习惯，工程价款的实现一般起始于工程开工之前，即预付款的支付。预付款是发包人为解决承包人在施工准备阶段资金周转问题提供的协助。

预付款的支付需有与之相等预付款保函作为担保。在工程施工过程中，工程价款的实现主要通过工程进度款，工程进度款的支付有赖于工程的实施情况，包括已完工程的工程量、工程进度等。进度款同时会涉及预付款、质量保证金两项的扣回和预付，但都要以工程的实施情况为基础。在工程竣工验收阶段，工程价款的实现方式是竣工结算，竣工结算中的目的是完成竣工付款。竣工验收后工程进入缺陷责任期，缺陷责任期满后，发包人需向承包人返还剩余质量保证金。在发承包双方的合同责任义务履行完毕后，最终结清是双方财务账目结清的标志。

5.2.2　结算工程量的形成

1. 单价子目下结算工程量

单价子目是工程量清单中以单价计价的项目，即根据合同图纸（含设计变更）和国家现行相关工程计量规范规定的工程量计算规则进行计算，与已标价工程量清单相应综合单价进行价款计算的项目。

（1）计量范围

工程师一般只对以下三个方面的工程项目进行计量：工程量清单中的全部项目；合同文件中规定的项目；工程变更项目。《建设工程价款结算暂行办法》中规定对于超出设计图纸（含设计变更）范围和因承包人原因造成的返工的工程量，不在计量范围内。

（2）工程计量的依据

①质量合格书。对于已完工程，经过专业工程师检验，工程质量达到合同规定的标准后，由专业工程师签署报检申请表，只有质量合格的工程才予以计量。未经监理人员质量验收合格的工程量，

或不符合施工合同规定的工程量，监理人员应拒绝该部分的工程价款的支付申请。

②工程量清单及技术规定。工程量清单前言和技术规范的"计量支付"条款规定了清单中每一项工程的计量方法，同时还规定了按规定计量方法确定的单价所包括的工作内容和范围。

③设计图纸。工程师计量的工程数量，并不一定是承包商实际实施施工的数量。计量的几何尺寸要以设计图纸为依据，工程师对承包商超出设计图纸要求增加的工程量和自身原因造成返工的工程量，应不予计量。

（3）工程计量的程序（图5-2）

承包商按照计量规则对已完工程进行计量，并对施工过程中形成的计量资料进行收集。在每个计量周期合同约定的时间内对向监理人提交进度款申请表，相关计量资料一并提供。监理人对承包人提交的计量资料进行核对和检查。如果监理人通过核查对承包人提交的计量数据及资料认可，那么经过监理人的确认，承包人提交的工程量就可以作为结算工程量。如果监理人对承包人提交的计量数据及资料存在异议，则需要组织工程量的复查。监理人应在复查前向承包人发出合理通知。承包人在收到通知单后，应该准备测量所需的相关资料，并派代表参加现场测量。在测量过程中，发包人负责测量记录。承包人对记录结果进行检查和协商，发承包双方达成一致后，对记录结果签字确认。如果该承包人未到现场，发包人的记录被认为是准确的，予以认可。承包人检查后不同意计量记录中结果，应说明认为不准确的部分。监理人应该对争议部分进行审查，并对最终记录结果予以确认或更改。

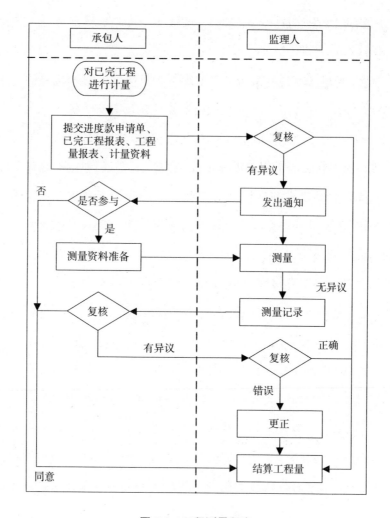

图 5-2　工程测量程序

2. 总价子目下结算工程量

总价子目就是在已标价工程量清单中以项或总额计量单位、以总价计价的子目，一般用于不能按照约定的工程量计算规则确定数量的子目。《清单计价规范》中的总价子目主要集中在措施项目清单部分。

总价子目的支付分解表形成一般有以下三种方式：一是，对于工期较短的项目，将各个总价子目的价格按照合同约定计量周期平均；二是对合同价值不大的项目，按照总价子目的价格占签约合同价的百分比，以及各个支付周期内所完成的单价子目的总价值，以固定百分比方式均摊支付；三是根据有合同约束力的进度计划、预先确定的里程碑形象进度节点（或者支付周期）、组成总价子目的价格要素的性质（与时间、方法和当前完成合同价值等的关联性），将总价子目的价格分解到各个形象进度节点（或者支付周期中），汇总形成支付分解表，经监理人审核批准后，产生合同约束力。实际支付时，由监理人检查核实其形象进度，达到支付分解表的要求后，即可支付经批准的每阶段总价子目的支付金额。第三种方式是比较公平合理的做法，该方式的支付分解表一般应依据工程实际进度完成情况，随进度计划的调整，定期进行适当的修正。

5.2.3　预付款的支付

FIDIC 合同文件认为工程预付款从性质上是业主提供给承包商动员工作的无息贷款。《标准施工招标文件》明确预付款是用于承包商为合同工程施工购置材料、工程设备、施工设备、修建临时设施以及组织施工队伍进场。《建设工程结算暂行办法》中规定在合同条款中发承包双方应就预付工程款的数额、支付时限和抵扣方式进行约定。在此强调了工程预付款的抵扣，也就是业主支付给承包商的预付款仅仅是提供给承包商的借款，而不是预先支付的工程款，预先支付的工程款不需要扣回。

1. 预付款支付数额确定及支付

预付款的支付与扣回比例需要在合同专用条款中进行约定，依照《建设工程结算暂行办法》原则上预付款的支付比例不低于合同价格的10%，不高于合同金额的30%。但具体到每一个工程项目，仍需根据项目特点进行测算。通过查找现有文献，并没有关于工程预付款的具体测算方法。在国内通常称为备料款与工程预付款发挥的功能基本相似，备料款与预付款的支付方式不同，其一般为每年支付。计算公式为：

$$年度备料款 = \frac{年度施工合同价值 \times 主要材料所占比重 \times 材料储备天数}{年施工天数} \qquad 式5\text{-}1$$

预付款在功能上与备料款相似，其支付额度的确定可以参考上述公式。备料款的计算周期是以年为单位，而预付款的支付一般是在整个项目开工之前进行支付，所以其计算周期应该为合同工期。备料款用于本年度内的材料准备，而预付款要用于整个工程材料准备，所以用中标金额来替代式5-1中的年度施工合同价值。备料款的主要作用都是用于购置材料等，预付款功能上比备料款稍为丰富，但一般建筑工程的材料费用占土建费用的比例为60%～65%，所以预付款的确定主要还是以材料购置费用为基础。材料储备周期因项目规模、工期长短、工程类型不同而不同。承包商对预付款进行测算时应根据自身施工经验确定材料储备天数。具体的预付款确定方法见式5-2。

$$预付款 = \frac{中标金额 \times 主要材料所占比重 \times 材料储备天数}{合同工期} \qquad 式5\text{-}2$$

在签订合同时，为了简化合同内容，在合同专用条款中一般只会约定预付款占合同价格的比例。承包商可以根据上述公式结合经验数据对该比例进行测算。

预付款的支付方式有一次支付和多次支付。具体比例须依据工程项目的特点进行约定。不同的项目规模预付款的支付方式也存在差异。在《水利水电工程施工合同和招标文件示范文本》中约定工程预付款的总金额应不低于合同价格的 10％，分两次支付给承包商。第一次预付款的金额应不低于工程预付款总金额的 40％。两次支付的时间分别是签订协议书后 21 天内和承包人主要设备进入工地后。工程预付款分两次支付，是考虑了当前承包人提交预付款保函的困难。承包商只需提交第一次工程预付款保函，工程预付款保函在预付款被发包人扣回前一直有效，担保金额为本次预付款金额，但可根据以后预付款扣回的金额相应递减。第二次工程预付款不需要保函，而用进入工地的承包人设备作为抵押，代替保函。在《公路标准施工招标文件》也有类似的预付款支付方式。在公路工程中，承包商签订合同协议并提交预付款保函后，可以得到 70％的预付款，在承包商主要设备进场后，再支付另外 30％。对于工期较长的重大工程项目，预付款的支付方式一般采用分年支付的方式。另外在《房屋建筑及市政工程标准施工招标文件中》分别约定分部分项工程部分的预付款额度和措施项目部分预付款额度。在《建设工程结算暂行办法》中，同样提到了采用工程量清单计价方式，可以分别约定实体性消耗和非实体消耗的预付款比例。

2. 预付款的扣回方式比较

通过查找现有合同范本、规程、文献总结，目前常用的预付款扣回方法有四种，具体方法如表 5-1 所示。

表 5-1   预付款扣回方式

方法来源	方法名称	解　释
《水利水电工程标准施工招标文件》	$R=\dfrac{A}{(b-a)}\dfrac{(C-aS)}{S}$	R 表示每次支付的预付款总额；A 表示预付款总额；S 表示中标合同金额；C 表示累计支付的工程价款；a 表示预付款起扣百分比，$b=A/S$
CECA/GC4—2009	$T=P-\dfrac{M}{N}$ $A=(C-T)\times N$ $F=V\times N$	A 为第一次应扣回的预付款数额；C 为累计已完工程价值；T 为开始扣回预付款时的工程价值；N 为主要材料费比重。F 为以后每次应扣回的预付款；V 为每次结算的已完工程价值；N 为主要材料费比重
CECA/GC4—2009	等值扣回法	在工程中期支付证书中工程量清单累计金额超过合同价值 10% 的当月开始扣回，止于合同规定竣工日期前 3 个月的当月，在此期间，从中期支付证书中逐月按等值扣回
《公路工程标准施工招标文件》	"超一扣二"法	施工预付款在进度付款证书的累计金额未达到签约合同价 30% 之前不予扣回，达到签约合同价 30% 后，开始按工程进度以固定比例（每完成签约合同价的 1%，扣回开工预付款的 2%）分期从各月的进度付款证书中扣回，全部金额在进度付款证书的累计金额达到签约合同价的 80% 时扣完

　　《水利水电工程标准施工招标文件》中使用的预付款扣回方法在FIDIC 中也被推荐使用。能保证业主在项目结束前收回全部预付款，同时又能满足承包商的项目现金流的具体情况。该种预付款扣回方式既能帮助承包商实现良性的资金周转，又不影响业主的利益。

　　等值扣回法在实际操作起来较为方便，但当工程进度缓慢或因其他原因工程款支付不多的情况下，会出现扣回额大于或接近工程支付额，而使中期支付证书出现负值或接近零，而且实际工程往往没法准确确定工期，所以实际采用得不多。

"超一扣二"法预付款的扣回额与每期支付的工程款有直接关系，即工程完成额多就多扣，完成少就少扣，所以在实际工程当中，不会出现承包商在某一期的本期应支付工程款出现负数的情况，因此，这种扣回方式相对等值扣除的方法要合理些。

从上述分析中可以看出，预付款的支付与扣回方式对承包商的现金流有较大的影响，预付款可以作为承包商进行短期融资的一种手段。依据项目特点，承包商可以合理利用预付款的支付与扣回时间达到自身项目现金流的平衡。

5.2.4 进度款的支付

1. 进度款支付内容

在 FIDIC《施工合同条件》（又称新红皮书）和《标准施工招标文件》中对于支付申请表中所列项目都有相应约定。FIDIC 新红皮书中进度款支付内容共有 7 项。通过对条款内容进行分析，可以将其分为三类，第一类为按照合同约定范围内实施工程的工程价款；第二类为按照合同约定对合同价款进行的调整，第三类是预付款和质量保证金的扣减。与之类似，在《标准施工招标文件》中进度款申请单中的支付内容为 6 项。在《标准施工招标文件》中没有关于运至现场还未用于工程施工的材料和设备的支付规定。

虽然合同中约定了进度款支付的内容，但并没有具体说明每个支付内容中所包含的具体支付事项。下面就 2013 版《清单计价规范》中计价方法及费用划分为基础对《标准施工招标文件》中涉及的进度款支付内容进行分解,以达到合理确定进度款支付金额的目的。

合同范围内已实施工程的工程价款的确定。合同范围内已实施工程的工程价款按照计价方法不同分为单价子目和总价子目两种。对于合同范围内的单价子目进度款的支付应该按照施工图纸进行工程量的计算乘以工程量清单中的综合单价汇总得来。对于合同范围内的总价项目应该以计量资料为基础,以确定工程形象进度或分阶段支付所需要完成的工程量。合同范围内的总价项目应该按照形象进度或支付分解表所确定的金额向承包商支付进度款。通过对《清单计价规范》进行分析,导致合同价款调整的因素共有 14 项。这 14 项合同价款调整因素最终会在工程价款的支付中得以体现。合同价款的调整完成后,需在调整金额确定后当期工程进度款支付,如图 5-3 所示。

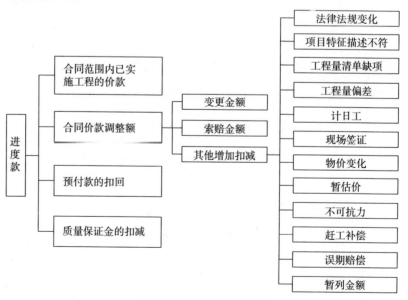

图 5-3 进度款支付内容

预付款的扣回与工程价款支付。预付款的性质是业主对承包商的无息借款，在工程价款支付过程中需要在进度款中扣回。预付款的扣回方式已在上文论述。

质量保证金与工程价款支付。质量保证金是从第一个支付周期开始扣减，直至扣留到质量保证金达到合同中约定的金额为止。

合同范围内已施工工程的工程价款、合同价款的调整金额、预付款的扣回、质量保证金的扣减四项构成了工程进度款的支付内容。工程进度款的支付内容记入支付申请表。

2. 进度款支付程序

进度款的支付周期与计量周期相同。《标准施工招标文件》中对于计量周期的约定为单价子目按月计量，总价子目按照支付分解报告确定的周期进行计量。在每个计量支付周期期末进行进度款的支付申请工作。进度款的支付程序如图 5-4 所示。

进度款的支付程序中涉及两个重要的因素：审核权限和审核时间问题。通过分析进度款的支付程序，进度款的支付过程中共有两次审核。第一次是监理方对承包人提交的进度付款申请单及相应资料的审核。第二次审核为发包人对监理确定的支付金额的审核。监理人的审核重点包括两方面：对进度付款申请表中支付内容金额的确定，对支持性证明文件的审核。支持性的证明材料主要有工程量统计表，工程签证表，材料采购发票等。发包人的审核一般涉及发包人内部多个部门，不同部门之间的审批权限和作用有所区别。为了防止发包人恶意拖延工程进度款的支付，在合同中会约定进度款的审核与支付期限。《建设工程价款结算暂行办法》中已完工程量的核实工作先于工程进度款申请完成。已完工程量核实期限为 14 天，发包人核实后的工程量作为工程价款支付的依据。在承包人向发包人提出支付工程进度款申请 14 天内，发包人应按不低于工程价款的 60%，不高于工程价款的 90%向承包人支付工程价款。通过上述分析，《建设工程价款结算暂行办法》中工程进度款的支付期限为 28 天。《标准施工招标文件》中工程量的审核工作在进度付款申请之后由监理人完成，工程量的审核及应付进度款的金额确定需要 14 天内完成。发包人支付期限为承包人提交进度付款申请单 28 天内。综上所述，目前国内承包人从完成工程计量到取得工程进度款的最高期限为 28 天。承包人为了保证工程的顺利进行，至少应准备（计量周期＋28 天）的周转资金。

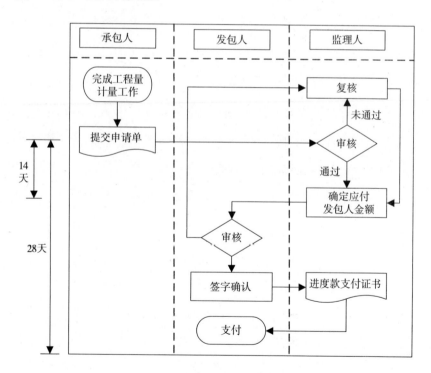

图5-4 进度款的支付程序

在对以往历次已经签发的进度款证书进行汇总和复核的过程中发现错、漏重复的，监理人员有权予以修正，承包人也有权提出修正申请。经双方复核同意的修正，应在本次进度款中支付或扣除。进度款的修正程序如图 5-5 所示。

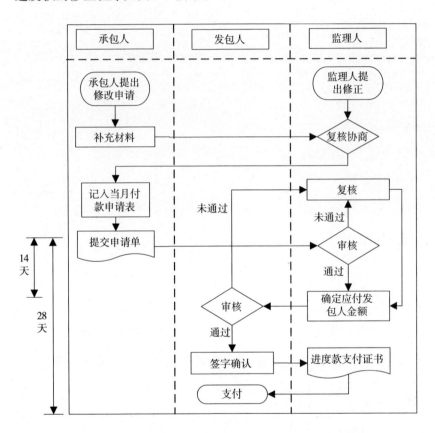

图 5-5　进度款修正程序图

5.2.5　竣工结算款的支付

1. 竣工结算款支付内容

工程竣工结算是指承包人按照合同规定的内容全部完成所承包

的工程，经验收质量合格并符合合同要求后，向发包人进行的最终工程价款结算的活动。《建设工程价款结算暂行办法》第十四条规定：工程竣工结算分为单位工程竣工结算、单项工程竣工结算和建设项目竣工总结算。单位工程竣工结算由承包人编制，发包人审查；实行总承包的工程，由具体承包人编制，在总承包人审查的基础上，发包人审查；单项工程竣工结算或建设项目竣工总结算由总（承）包人编制，发包人可直接进行审查，也可以委托具有相应资质的工程造价咨询机构进行审查；政府投资项目，由同级财政部门审查。单项工程竣工结算或建设项目竣工总结算经发承包人签字盖章后有效。《建设工程价款结算暂行办法》第十六条规定：根据确认的竣工结算报告，承包人向发包人申请支付工程竣工结算款。竣工结算款的金额也就是项目的工程造价。

中国之前一直沿用定额计价模式，采用估概预结决五算体系，自 2003 年以来，我国开始逐步推行建设工程量清单计价模式，2008年新版《建设工程工程量清单计价规范》推出，这是中国工程量清单计价模式的应用逐渐完善的重要标志。但是在中国现在清单计价模式的竣工结算中仍然存在定额计价模式的影子，致使竣工结算时工作内容增多以及容易引起计算失误，因此我国的竣工结算应仿照FIDIC合同条件结算的模式，剔除定额计价的因素。

由于业主承担风险的态度不同以及项目的特性不同，工程项目存在着总价合同与单价合同两种合同模式，由于这两种合同模式的风险分担方式不同，因此这两种合同模式的结算方法和内容也必然不同。在总价合同的结算报告中，总价合同的结算价格主要由三部分组成：①固定总价部分（同投标书部分）；②设计变更调整部分；③索赔与签证调整部分。规费和税金的取费基础为固定总价部分、设计变更调整、索赔与签证调整之和。单价合同的计算则是以计量中形成最终结算工程量为基础，汇总历次进度款支付中分部分项工程量价款、措施项目价款、其他项目费、索赔及签证、规费和税金等内容。在选择好竣工结算编制方法后就要开始编制竣工结算，此时要保证竣工结算编制的准确性。在竣工结算阶段业主要注意竣工结算编制的关键点和审查的重点，以及业主要防范承包人常用不规范的结算方式，如工程计量虚报、多报等。

对于竣工结算的管理，主要包括在竣工结算时区别清单计价模式和定额计价模式；根据不同的合同类型选择不同的结算方法；编制和审查竣工结算；发承包人常用不规范的结算方式等。

2. 竣工结算款支付程序

依据 07 版《标准施工招标文件》竣工结算的程序如图 5-6 所示。竣工结算程序中涉及审核期限、竣工结算争议处理两个重要因素。审核的节点包括监理人对于竣工付款申请单的审核、发包人对于监理人报送的支付金额的审核、发包人对于竣工付款证书的审核及支付。07 版《标准施工招标文件》规定上述审核节点的审核时间为 14 天。即承包商从发出竣工付款申请单到取得竣工结算款的最高期限为 42 天。如果双方对于工程竣工结算存在争议，发包人应就无争议部分颁发临时付款证书并予以支付。对于争议部分可按照合同约定的争议处理条款进行处理。

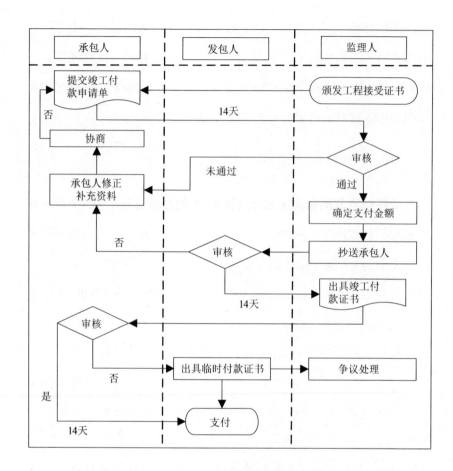

图 5-6 竣工结算款程序

5.2.6 质量保证金的扣留与返还

《建设工程质量保证金管理暂行办法》第二条规定，建设工程质量保证金是指发包人与承包人在建设工程承包合同中约定，从应付的工程款中预留，用以保证承包人在缺陷责任期内对建设工程出现的缺陷进行维修的资金。07 版《标准施工招标文件》第四章第1.1.5.7 条规定：质量保证金是用于保证在缺陷责任期内履行缺陷修复义务的金额。对于质保金的管理主要包括两大内容，一个是质保金的预留，主要包括质保金预留的额度、预留方式、预留期限三个内容；另一个是质保金的返还，包括质保金的返还方式以及缺陷责任期内承包商承担的缺陷责任范围等内容。

5.2.7 最终结清款的支付

最终结清款的概念来源于 FIDIC 中的结清证明，在 07 版《标准施工招标文件》中首次提到了最终结清的概念。通过对 FIDIC 新红皮书与 07 版《标准施工招标文件》对比可以发现，FIDIC 中最终付款与《标准施工招标文件》的作用类似。在 FIDIC 中，结清证明确认了最终报表上的总额代表了依据合同与合同有关的事项，应付给承包商的所有款项的全部和最终结算总额。结清证明应注明在承包商收到退回的履约担保和该总额中尚未付清的余额后生效，可见结清证明是承包商承认业主对其经济责任终止的证明。

《标准施工招标文件》中最终结清的实质是具有最终付款的作用。在缺陷责任期终止后，承包商在收到缺陷责任终止证书后，应在约定的期限内向监理人提交最终结清申请单，并提供相关证明材料。《标准施工招标文件》没有对最终结清申请内容详细叙述，结合 FIDIC 最终报表内容，最终结清申请应该包括：依据合同完成的所有工作的价值；承包商认为依据合同或其他规定应支付给他的任何其他金额。依据《标准施工招标文件》最终结清的程序如图 5-7 所示。

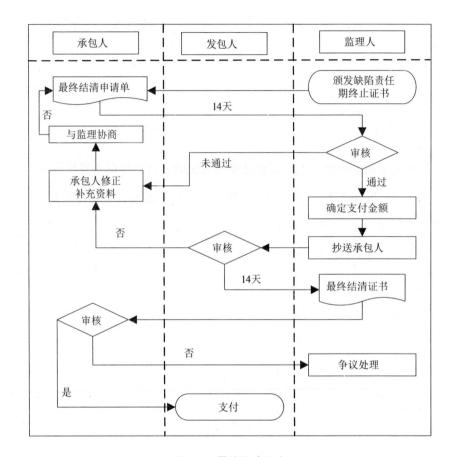

图 5-7　最终结清程序

5.3　工程变更管理操作实务

5.3.1　工程变更的概述

1. 工程变更的概念

13 版《清单计价规范》中对工程变更定义为：合同实施过程中由于发包人提出或由承包人提出经发包人批准的合同工程任何一项

工作的增、减、取消或施工工艺、顺序、时间的改变；设计图纸的修改；施工条件的改变；招标工程量清单的错、漏，从而引起合同条件的改变或工程量的增减变化。

2. 工程变更的原因

由于建设项目施工阶段条件复杂，影响因素多，以及一些主观和客观方面的原因，工程变更是难以避免的，其产生的主要原因有：

（1）发包人的原因造成的工程变更。如发包人要求设计的修改、工期的缩短以及合同外"新增工程"等。

（2）工程师的原因造成的工程变更。工程师可以根据工程的需要对施工工期、施工顺序等提出工程变更。

（3）设计方原因造成的设计变更。由于设计深度不够、质量粗糙等导致不能按图施工，不得不进行的设计变更等。

（4）承包人原因造成的工程变更。一般情况下，承包人不得对原工程设计进行变更，但施工中承包人提出合理化建议，经工程师和业主同意后，可以对原工程设计或施工组织设计等进行变更。

（5）自然原因造成的工程变更。如不利地质条件、特殊异常的天气条件以及不可抗力的自然灾害导致的设计变更、工期延误和灾后修复工程等。

3. 工程变更的内容与确认

履行合同过程中发生下列情形之一的，经发包人同意，监理人可按合同约定的变更程序向承包人发出变更指示：

（1）取消合同中任何一项工作，但被取消的工作不能转由发包人或其他人实施；

（2）改变合同中任何一项工作的质量或其他特性；

（3）改变合同工程的基线、标高、位置或尺寸；

（4）改变合同中任何一项工作的施工时间或改变已批准的施工工艺或顺序；

（5）为完成工程需要追加的额外工作。

由于工程变更会带来工程造价和工期的变化，为了有效控制工程造价，无论任何一方提出工程变更，均需由工程师确认并签发工程变更指令。当工程变更发生时，要求工程师及时处理并确认变更的合理性，其确认工程变更的一般步骤是：①提出工程变更；②分析提出的工程变更对项目目标的影响；③分析有关的合同条款、会议、通信记录；④向业主提交变更评估报告（确认处理变更所需要的费用、时间范围和质量要求）；⑤确认工程变更。

5.3.2 工程变更的程序

《标准施工招标文件》中第 15.3 款对工程变更的程序有明确规定：

1. 变更的提出

工程建设项目变更应由监理人向承包人发出变更指示，承包人收到变更指示后按照变更指示执行。变更指示只能由监理人发出，并且变更指示应说明变更的目的、范围、变更内容以及变更的工程量及其进度和技术要求，并附有关图纸和文件。没有监理工程师的变更指示，承包人不得擅自变更。引起监理工程师发出变更指示的有以下四种情况。

（1）监理人认为可能发生变更情形

在合同履行过程中，监理人认为可能发生变更情形的，监理人

226

可向承包人发出变更意向书。变更意向书应说明变更的具体内容和发包人对变更的时间要求，并附必要的图纸和相关资料。变更意向书应要求承包人提交包括拟实施变更工作的计划、措施和竣工时间等内容的实施方案。发包人同意承包人根据变更意向书要求提交的变更实施方案的，由监理人发出变更指示。若承包人收到监理人的变更意向书后认为难以实施此项变更，应立即通知监理人，说明原因并附详细依据。监理人与承包人和发包人协商后确定撤销、改变或不改变原变更意向书。

（2）监理人认为发生了变更情形

在合同履行过程中，发生合同中约定变更情形的，监理人向承包人发出变更指示，变更指示应包括变更的目的、范围、变更内容以及变更的工程量及其进度和技术要求，并附有关图纸和文件。

（3）包人认为存在的变更情形

承包人收到监理人按合同约定发出的图纸和文件，经检查认为其中存在合同约定变更情形的，可向监理人提出书面变更建议。变更建议应阐明要求变更的依据，并附必要的图纸和说明。监理人收到承包人书面建议后，应与发包人共同研究，确认存在变更的，应在收到承包人书面建议后的 14 天内做出变更指示。经研究后不同意作为变更的，应由监理人书面答复承包人。

2. 变更估价

（1）除专用合同条款对期限另有约定外，承包人应在收到变更指示或变更意向书后的 14 天内，向监理人提交变更报价书，报价内容应根据变更估价原则，详细开列变更工作的价格组成及其依据，并附必要的施工方法说明和有关图纸。

（2）除专用合同条款对期限另有约定外，监理人收到承包人变更报价书后的 14 天内，根据变更估价原则，商定或确定变更价格。如双方不同意监理人提出的价格，按争议解决方式处理。《标准施工招标文件》中规定的变更的确认、指示和估价过程如图 5-8 所示：

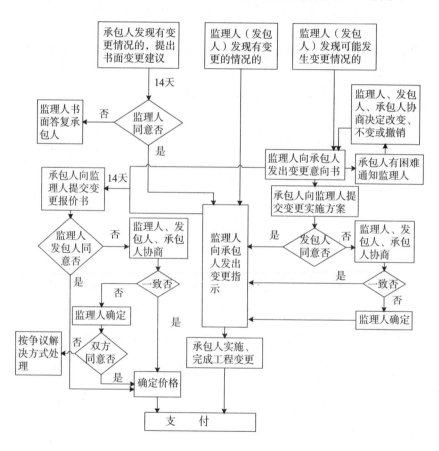

图 5-8　变更指示及估价的程序

3. 变更实施及支付程序

承包人收到变更指示后，应按照变更指示实施工程变更。《标准施工招标文件》第 17.3.2 条规定：进度付款申请单应包括增加和扣减的变更金额。因此在进度款计量和支付的周期内，应计量已完工程变更的工程量，按照监理工程师商定或确定的变更综合单价，确定应支付的变更合同价款。

2013 版《清单计价规范》第 8.2.2 条规定：施工中工程计量时，若发现工程量清单中出现缺项、工程量计算偏差，以及工程变更引起工程量的增减，应按承包人在履行合同义务过程中实际完成的工程量计算。

因此，工程项目变更工程量的确定应按照合同中约定的工程量的计量方法进行，也就是按照实际测量的方法确定。在竣工结算前发生的工程变更，应在竣工结算时计量和计价，汇同未支付的变更综合单价，在竣工结算时支付。具体程序如图 5-9 所示。

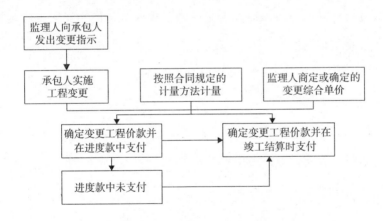

图 5-9　变更实施及支付程序图

5.3.3　工程变更价款确定

工程变更价款由变更工程量和变更后综合单价两部分确定，变更工程价款＝变更工程量×变更综合单价。

1. 变更工程量的确定

（1）FIDIC《施工合同条件》99 版中的相关规定：

第 13.3 条：每一项变更的工程量除非合同中另有规定，否则无论当地惯例如何都应测量每部分永久工程的实际净值，并且测量方法应符合工程量表或其他适用报表，除非工程师依据本款另外做出指示或批复。

（2）《建设工程工程量清单计价规范》（GB 50500—2013）中的相关规定：

第 8.2.1 条：工程量必须以承包人完成合同工程应予计算的按照现行国家计量规范规定的工程量计算规则计算得到的工程量确定。

第 8.3.4 条：承包人应在合同约定的每个计量周期内，对已完成的工程进行计量，并向发包人提交达到工程形象目标完成的工程量和有关计量资料的报告。

（3）《建设工程价款结算暂行办法》（财建［2004］369 号）中的相关规定：

第 15.3 条：发包人应据实计算承包商已完的工程量，并以核实的工程量作为支付工程价款的依据。

2. 变更综合单价的确定

99 版《建设工程施工合同示范文本》、《建设工程价款结算暂行办法》（财建［2004］369 号）、《标准施工招标文件》（发改委［2007］第 56 号）、《建设工程工程量清单计价规范》（GB 50500—2008）、《建设工程工程量清单计价规范》（GB 50500—2013）、FIDIC《施工合同文件》99 版对于工程变更综合单价确定的规定如表5-1所示。

表 5-2　现行合同范本及规范对变更定价原则的规定

合同范本及规范	《建设工程施工合同示范文本》	新红皮书	369号文	56号令	08版《清单计价规范》	13版《清单计价规范》
颁布年份	2013	1999	2004	2007	2008	2013
条款号	10.4.1	12.3	第十条(二)	15.4	4.7.3	9.3.1
变更估价原则——合同中已有适用	已标价工程量清单或预算书中有相同项目的,按照相同项目单价认定	①除非合同中另有规定,工程师应通过对每一项工作的估价,根据第3.5款,商定或确定合同价格。每项工作的估价是用商定或确定相应的测量数据乘以此项工作的相应价格费率或价格得到的	①合同中已有适用于变更工程的价格,采用该子目的单价	①已标价工程量清单中有适用于变更工作的子目的,采用该子目的单价	①合同中已有适用于变更工程量清单项目的,按合同中已有的综合单价确定	1.已标价工程量清单中有适用于变更工程项目的,采用该项目的单价;但当工程变更导致该清单项目的工程数量发生变化,且该变化引起该工程量清单项目的工程量偏差超过15%,此时,该项目单价应按照本规范第9.6.2条的规定调整
变更估价原则——合同中有类似	已标价工程量清单中无相同项目,但有类似项目的,参照类似项目单价认定	②对每一项工作,该项合适的费率或价格应是合同中对该项工作或类似工作所规定的费率或价格,或者如果没有类似工作,则为对其类似工作所规定的费率或价格	②已标价工程量清单中无相同项目,但有类似子目的,参照类似子目的价格变更合同价款	②已标价工程量清单中无适用于变更工作的子目,但有类似子目的,可在合理范围内参照类似子目的单价,由监理人按第3.5款的规定商定或确定变更工作的单价	②合同中有适用于变更工程的类似子目的,参照类似子目的综合单价确定	2.已标价工程量清单中没有适用,但有类似于变更工程项目的,可在合理范围内参照类似项目的单价

建设项目施工阶段的工程造价管理

2013版《建设工程工程量清单计价规范》宣贯培训丛书

续表

合同范本及规范	《建设工程施工合同示范文本》	新红皮书	369号文	56号令	08版《清单计价规范》	13版《清单计价规范》
变更估价原则 合同中无适用或类似变更估价原则	变更导致实际完成的变更工程与已标价工程量清单中相同项目的单价相比变化幅度超过15%的，或已标价工程量清单或预算书中无相同项目及类似项目单价的，按照合同当事人按合同4.4款[商定或确定]商定或确定变更工作的单价	③由于该项工作与合同中的任何工作没有类似的性质或是在类似的条件下进行，故没有一个费率或价格适用，则新的费率或价格应是在实施工作中考虑任何相关事件以后，从实施工作的合理成本与利润的变化程度，由合理利润加上合理费用中得到	③合同中没有适用或类似于变更工作的价格的，由承包人提出变更价格，经对方确认后执行。如双方不能达成一致的，双方可提请工程所在地工程造价咨询机构进行咨询或按合同约定的争议或纠纷解决程序办理	③已标价工程量清单中无适用或类似子目的单价，可按照成本加利润原则，由监理人按第3.5款商定或确定变更工作的单价	③合同中没有适用或类似的综合单价，由承包人提出综合单价，经发包人确认后执行	③已标价工程量清单中没有适用也没有类似变更工程项目的，由承包人根据变更工程资料、计量规则和计价办法、工程造价管理机构发布的信息价格和承包人报价浮动率提出变更工程项目的单价，报发包人确认后调整。承包人报价浮动率可按下列公式计算：招标工程：承包人报价浮动率 L=(1-中标价/招标控制价)×100%；非招标工程：承包人报价浮动率 L=(1-报价值/施工图预算)×100% 已标价工程量清单中没有适用也没有类似变更工程项目，且工程造价管理机构发布的信息价格缺价的，由承包人根据变更工程资料、计量规则、计价办法和通过市场调查等取得有合法依据的市场价格提出变更工程项目的单价，报发包人确认后调整

（1）合同中已有适用的综合单价

合同中已有适用的综合单价，按合同已有的综合单价确定变更项目的综合单价，即已有项目签订合同时确定的投标报价。按已有的综合单价确定时包括两种情况：

第一，工程量的变化。由于设计图纸深度不够或者业主编写工程量清单时工程量编写错误，导致在实施过程中工程量产生变化，且变化幅度在15％以内，这种情况不改变合同标的物，不构成变更，执行原合同单价。

第二，工程量的变更。在工程项目建设过程中，由于工程变更使合同已有某些工程的工程量单纯地进行增减，这种变更的综合单价执行原合同单价。如某栋楼墙面贴瓷砖，合同中写明工程量是3000m²，在实际施工过程中，发包人进行变更，增加了贴瓷砖工程，面积增加至3200m²。

合同中已有适用的综合单价的情形，处理起来最简单。因为当合同中已有项目直接适用变更项目时，由于合同中的工程量单价和价格由承包人投标时提供，用于变更工程项目，容易被发包人、承包人及监理人所接受，从合同上讲也是公平的。但在合同中需要注意对三点进行说明：

①对于工程量清单中已有的分部分项工程量的增减，在按照原有的综合单价进行调整时，应考虑到此种情况。如果工程的工期较长，材料购买次数较多，材料价格的风险预测难度较大，则材料价格可以随市场价格波动进行调整，即采用调价公式对综合单价中的材料价格进行调整。

②在工程量清单计价模式下，由于采用的是综合单价，管理费和利润分摊进综合单价，工程量的变化必然会影响到合同约定的综

合单价，《建设工程工程量清单计价规范》（GB 50500—2013）条款 9.3.1规定：当工程量清单项目工程量的变化幅度在15％以内时，其综合单价不做调整，执行原有综合单价。当工程量清单项目工程量的变化幅度在15％以外，其综合单价应予调整（工程量增加超过15％时，增加部分的工程量应予调低；工程量减少超过15％时，减少后剩余部分的工程量的综合单价应予调高）。所以当某工程量的增减在合同约定的幅度内时，应按原综合单价和措施费计算，当超过合同约定的幅度时，应按调整管理费和利润分摊后的新综合单价计算，如果影响到措施费，还应调整措施费，具体的调整方法同因工程量增加调整综合单价的方法。

（2）合同中有类似子目的综合单价确定

合同中有类似的综合单价，参照类似的综合单价确定变更项目的综合单价。当变更项目类似于合同中已有项目时，可以将合同中已有项目的工程量清单的综合单价间接套用，即依据工程量清单，通过换算后采用；或者是部分套用，即依据工程量清单，取其综合单价中的某一部分使用。这里需要注意：对于"类似"的定义，目前并没有明确的规定。因此，在签订合同时，应当明确何种情况下属于有类似于变更项目的综合单价。一般业内认为"类似"包括如下两种情况：

①变更项目与合同中已有项目两者图纸尺寸不同，但施工方法、材质、施工条件相同。

a. 比例分配法

在这种情况下，变更项目综合单价的组价内容没有变，只是人、材、机的消耗量按比例改变。由于施工方法、材料、施工环境未产生变化，可以原报价清单综合单价为基础采用按比例分配法确定变更项目的综合单价，具体如下：单位变更工程的人工费、机械费、材料费的消耗量按比例进行调整，人工单价、材料单价、机械单价不变；变更工程的管理费及利润执行原合同确定的费率。

在此情形下，变更项目综合单价＝投标综合单价×调整系数。

b. 数量插入法

采用比例分配法，特点是编制简单和快速，有合同依据。但是，比例分配法是等比例的改变项目的综合单价。如果原合同综合单价采用不平衡报价，则变更项目新综合单价仍然采用不平衡报价。这将会使发包人产生损失，承受变更项目变化那一部分的不平衡报价。所以比例分配法要确保原综合单价是合理的。

数量插入法是不改变原项目的综合单价，确定变更新增部分的单价，原综合单价加上新增部分的单价得出变更项目的综合单价。变更新增部分的单价是测定变更新增部分人、材、机成本，以此为基数的管理费和利润确定的单价。

变更项目综合单价＝原项目综合单价＋变更新增部分的单价

$$\frac{\text{变更新增}}{\text{部分的单价}}＝\text{变更新增部分净成本}×(1＋\text{管理费率}＋\text{利润率})$$

②变更项目与合同中已有项目两者材质改变，而人工、材料、机械消耗量及施工方法、施工环境相同。

在此情形下，由于变更项目只改变材料，因此变更项目的综合单价只需将原有项目综合单价中材料的组价进行替换，替换为新材料组价，即变更项目的人工费、机械费执行原清单项目的人工费、机械费；单位变更项目的材料消耗量执行报价清单中的消耗量，对报价清单中的材料单价可按市场价信息价进行调整；变更工程的管理费执行原合同确定的费率。

$$\frac{变更项目}{综合单价}=\frac{报价综}{合单价}+(变更后材料价格-合同中的材料价格)\times$$

$$清单中材料消耗量$$

建筑物结构混凝土等级的改变（由 C25 变为 C30），由于人工、材料、机械台班消耗量没有因项目材质发生变化而变化，承包人也没有因此而导致任何额外工程费用的增加，故对此类项目变更的价款处理，可采用调整混凝土材料等级的方法：即根据变化后的混凝土材料价格结合实际施工方法与原合同项目混凝土材料价格直接进行调整。

合同中有类似的综合单价，参照类似的综合单价确定变更项目的综合单价。当变更项目类似于合同中已有项目时，可以将合同中已有项目的工程量清单的综合单价间接套用，即依据工程量清单，通过换算后采用；或者是部分套用，即依据工程量清单，取其综合单价中的某一部分使用。这里需要注意：对于"类似"的定义，目前并没有明确的规定。因此，在签订合同时，应当明确何种情况属于有类似于变更项目的综合单价。

（3）合同中无类似子目的综合单价确定

《建设工程工程量清单计价规范》（GB 50500—2013）中第 9.3.1 条规定：已标价工程量清单中没有适用也没有类似于变更工程项目的，由承包人根据变更工程资料、计量规则和计价办法、工程造价管理机构发布的信息价格和承包人报价浮动率提出变更工程项目的单价，报发包人确认后调整。合同中没有适用或类似的综合单价，由承包人提出综合单价，经发包人确认后执行。最高人民检察院《关于审理建设工程施工合同纠纷案件适用法律问题的解释》（法释［2004］14 号）第十六条规定：因设计变更导致建设工程的工程量或者质量标准发生变化，当事人对该部分工程价款不能协商一致的，可以参照签订建设工程施工合同时当地建设行政主管部门发布的计价方法或者计价标准结算工程价款。对于合同中没有类似和适用的价格的情况，在目前我国的工程造价管理体制下，一般采用按照预算定额和相关的计价文件及造价管理部门公布的主要材料信息价进行计算。若发承包双方就工程变更价款不能达成一致意见，则可到工程所在地的造价工程师协会或造价管理站申请调解，若调解不成功，双方亦可提请合同仲裁机构仲裁或向人民法院起诉。对合同中没有适用或类似的综合单价情况变更工程价款的确定主要有四种定价方法。

①计日工定价法

这种方法仅适用于一些小型的变更工作，此时可将这些小型变更工作进行分解，并分别估算出人工、材料、机械台班消耗的数量，按计日工形式并根据工程量清单中计日工的有关单价计价。对大型变更工作而言，这种计价方式是不适用的，因为一方面不利于施工效率的提高；另一方面，对发生的计日工数量的准确确定会有一定难度。

②实际组价法

这种方法也称为合理价值法。监理人根据投标文件、工程变更具体内容和形式确定合理的施工组织与生产效率，在此基础上预先确定人工费、材料费和设备使用费，或在工程变更实施后，由承包人提供人工、材料、机械消耗量原始凭据，并由监理人审核确认，人工单价、材料及机械台班单价在合同中已有的执行原合同单价，合同中没有的执行市场价或信息指导价（材料价格适用于工期很短的工程或材料价格基本不变的情况，如果工期较长或材料价格波动较大则采用动态调整的方法），变更工程的管理费及利润执行原合同确定的费率。

③定额组价法

这种方法适用于合同中没有适用的或类似于变更项目的综合单价，或虽有类似项目但综合单价不合理的情况。发承包人根据国家和地方颁布的定额标准和相关的定额计价依据及当地建设主管部门的有关文件规定确定变更项目的预算单价，然后根据投标时的降价比率确定变更项目综合单价。其中，消耗量可依据定额中适用项目确定人工、材料、机械的消耗量；人工单价、材料及机械台班单价在合同中已有的执行原合同单价，合同中没有的执行市场价或信息指导价（材料价格适用于工期很短的工程或材料单价基本不变的情况，如果工期较长或材料价格波动较大则采用动态调整的方法），变更工程的管理费及利润执行原合同确定的费率。由于该定额组价法存在不能反映不同施工方案下的综合单价的不同，也不能反映招投标价格的竞争性，特别是当承包人有不平衡报价时，该方法会加剧总造价的不合理性的问题，所以在预算价格的基础上要按照一定降价比例降价。降价比率的确定由发承包双方约定，可按中标价占施工图预算价格的比例确定。在使用该方法编制新增单价时应注意如下几个问题：

a. 管理费率的确定方法：采用承包人投标文件预算资料中的相关管理费率。

238

b. 人工费的确定方法：a. 采用相关定额计价根据和定额标准中的人工费标准；b. 采用承包人投标文件预算资料中的人工费标准。

c. 材料单价的确定：a. 采用承包人投标文件预算资料中的相应材料单价（仅适用于工期很短的工程或材料单价基本不变的情况）；b. 采用当地工程造价信息中提供的材料单价；c. 采用承包人提供的材料正式发票直接确定材料单价；d. 通过对材料市场价款调查得来的单价。

d. 降价比率的确定。按照如下公式进行计算：

$$降价比率=\frac{清单项目的预算总价-评标价}{清单项目预算总价}\times100\%$$

④数据库预测法

数据库预测法是双方未达成一致时应采取的策略。如果双方对变更工程价款不能协商一致，最高人民法院的解释是"因设计变更导致建设工程的工程量或者质量标准发生变化，当事人对该部分工程价款不能协商一致的，可以参照签订建设工程施工合同时当地建设主管部门发布的计价方法或者计算标准确定合同价款。"解释中的计价标准可以理解为地方颁布的统一预算定额，反映的是当地社会平均水平和社会平均成本。根据司法解释，当双方对工程变更价款不能协商一致时，应根据社会平均成本确定工程变更价款，数据库预测法即是基于这种司法解释。在实际操作中，发包人据此会提出三种确定工程变更价款的方法：1）以国家和地区颁布定额标准为计算依据确定工程变更价款；2）以发包人内部建立的数据库确定工程变更价款，数据库积累了近几年建设工程的详细价格信息，从中筛选适用的综合单价；3）根据所有投标书中相关项目的综合单价分别

2013版
《建设工程工程量清单计价规范》宣贯培训丛书

算出总价后平均，确定工程变更价款。

没有适用或类似综合单价的工程变更项目，综合单价由成本和利润组成。成本包括变更项目子目的人工费、材料费、机械使用费和管理费，利润只是变更项目子目的利润费用。变更项目子目的人工费、材料费、机械使用费分两部分确定，一部分变更项目子目工作内容在原合同中有适用工作内容的，变更项目工作内容的人工费、材料费、机械使用费单价套用原工作内容的人工费、材料费、机械使用费单价，工作内容的工程量按照计算规则确定。另一部分变更项目子目工作内容在原合同中没有适用工作内容的，应根据定额确定人、材、机的定额单位用量，根据计算规则确定工作内容的工程量，并根据市场价格确定人、材、机的单价，在此基础上考虑承包人的让利率，让承包人承担降价的风险，从而形成人工费、材料费。机械使用费。把这两部分汇总便形成工程变更项目综合单价中的人工费、材料费、机械使用费。用管理费率乘以管理费计算基数得出管理费。用利润率乘以利润计算基数得出利润。这些费用汇总便形成工程变更项目综合单价。

5.4 工程索赔管理操作实务

5.4.1 工程索赔的概述

5.4.1.1 索赔的概念

13版《清单计价规范》第2.0.23条规定，索赔是在工程合同履行过程中，合同当事人一方因非已方的原因而遭受损失，按合同约定或法律法规规定应由对方承担责任，从而向对方提出补偿的要求。

索赔是双向的，既包括承包人向发包人的索赔，也包括发包人向承包人的索赔。但在实际工程实践中，发包人索赔数量较小，而且处理方便，可能通过冲账、扣拨工程款、扣保证金等实现对承包人的索赔；而承包人对发包人的索赔则比较难一些。通常情况下，索赔是指承包人在合同实施过程中，对非自身原因造成的工程延期、费用增加而要求发包人给予补偿损失的一种权利要求。

5.4.1.2 索赔的实质

1. 合同利益构造

工程承包合同属于民商法范畴中合同的一种类型，因此索赔作为此类合同履行过程中受损方寻求补偿的一种方式，具有违约损害赔偿的特征。在各国的合同法律中，存在着履行利益、信赖利益的概念。履行利益、信赖利益是违约损害赔偿计算的基础，也是工程索赔计算的依据。

履行利益指法律行为（尤其是契约）有效成立，债权人就其获得债务履行所存之利益，即因债务人不履行债务，致有效成立的法律行为的效力未获实现所产生的损害。例如买卖合同订立后，出卖人履行合同，买受人因而可获得的利益。对履行利益的确认和保护，在于使未履行的合同如同被履行一样。

信赖利益指当事人相信法律行为有效成立，而因某种事实之发生，该法律行为（尤其是契约）不成立和无效而生的损失，或者即使合同有效，因缔约一方的过错使对方额外增加了负担而生之损失。对信赖利益的确认和保护，在于使双方的合同关系回复到未发生的状态。

信赖利益与履行利益是两种性质不同的利益。履行利益的存在以合同有效成立为前提，信赖利益是否受损却与合同是否有效无关；履行利益因违约行为而受损，信赖利益因对方违背诚信义务的缔约行为而受损；两者的赔偿目的也不一样，在赔偿责任上两者应互不干涉。

需特别注意，合同解除与合同无效两者之间有部分交集但并不完相等。合同的解除可能包括履约利益补偿亦可能包括信赖利益补偿。合同的解除履行利益存在与否，不取决于债务人是否履行债务，而取决于债权债务产生的基础是否存在，即合同有效，由于合同解除并不消灭合同效力，它只是转换合同的履行方式，即不再要求原来约定的履行，使双方给付义务通过相互抵消而消灭，因此合同解除情况下仍存在履行利益。

履行利益着眼于合同上根据因果关系确定的损害原因事实，作为履行的替代，其所追求的目的是使债权人因此而回复适当履行时如他所应处的状态。而信赖利益着眼于应恢复什么样的财产状态，因此其所追求的目的是使债权人回复到如果没有加害行为时所应处的状态。履行利益的目的为与法律行为之履行有同一利益之回复，信赖利益的目的则为因以无效之法律行为信为有效所受损失之排除。这表现在构成上就是，履约利益通常包括成本和利润，而信赖利益常常只包含成本。

2. 合同状态分析

在招投标阶段，投标人依据既定的基础条件——合同文件、图纸、环境、方案、合同工期目标、合同质量目标——计算投标报价，在投标人投标报价基础上发承包双方签订合同，形成合同价，因此合同价是基于投标阶段特定状态下的一种价格形式，此时的合同价体现了公平，合同价与基础条件达到了平衡。但在合同执行过程中，合同文件、图纸、环境、方案、合同工期目标、合同质量目标都会发生变化，合同签订时的合同价不再具有公平性，合同价与目前的基础条件失衡，因此发包人必须基于承包商一定的补偿。因此，合同价格应该随合同文件、图纸、环境、方案、合同工期目标、合同质量目标变化而变化，索赔是实现这种变化的重要手段。

通常，学者将合同价格与合同文件、图纸、环境、方案、合同工期目标、合同质量目标结合成为合同状态。合同状态是从开始签订合同到履行完合同义务这一整个过程中，所有合同履行过程中的任意时段内合同各个目标和履行合同的一般条件等方面的因素集成就是合同状态。合同状态共有三种形式：合同原始状态、合同假想状态、合同现实状态。

（1）合同原始状态

合同原始状态是指在工程项目前期所签订合同中的所有合同目标和条件等要素的集合，它是顺利履行合同，达到合同最终目标状态的开端。

（2）合同假想状态

在合同原始状态的基础上，充分考虑合同实施过程中不稳定、不可预知的人为或客观因素的影响而获得的一种假想的合同状态。

（3）合同现实状态

在工程项目实施过程中，由于存在着大量不稳定、不可预知的人为或客观因素，使得合同的执行不可能完全按照合同的理想状态去实施，这就导致了在合同实施的某一时刻的合同状态与该时刻合同的理想状态发生了偏差，这时刻的合同状态就是合同的现实状态。

往往这时的现实状态与合同的假象状态是不一样的，但彼此之间又存在着联系，它是因为实际情况而偏离合同假象状态的一种合同状态。在合同的履行时，一个合同状态是由平衡态到不平衡状态，再由不平衡态到平衡态的过程，通过对合同的原始状态、假想状态和现实状态的比较分析可以确定索赔金额与工程工期延长的天数。

①合同现实状态和原始状态之间的偏差即为工程实际成本与目标成本、实际工期与目标工期之间的差额，这里既包括由业主责任造成的，同时也包括由承包商责任造成的。

②合同假想状态和原始状态之间的偏差为承包商按照合同约定可对工期和费用进行索赔的部分，是判断相关潜在索赔机会成为承包商索赔机会的依据和标准。

③合同现实状态和假想状态之间的偏差为承包商自身责任造成的损失和合同规定的承包商应承担的风险，它应由承包商自己承担，得不到补偿，所以对这部分相应的潜在索赔机会是不能成为承包商的索赔机会。三种不同合同状态下索赔识别的过程图如图 5-10 所示。

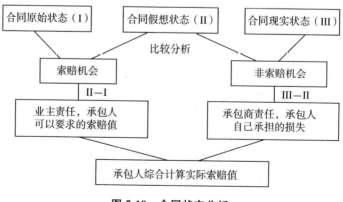

图 5-10 合同状态分析

5.4.1.3 索赔的分类

施工索赔从不同的角度，根据不同的标准，可以进行不同的分类。按索赔所根据的理由分为合同内索赔、合同外索赔及道义索赔；按索赔目的可以将工程索赔分为工期索赔和费用索赔（包含利润索赔）；按索赔的处理方式可将索赔分为工程延误索赔、变更索赔、合同被迫中止索赔、工程加速索赔、意外风险和不可预见因素索赔以及其他索赔。

1. 按索赔所根据的理由分类

（1）合同内索赔

合同内索赔即以合同条件为根据，发生了合同规定的干扰事件，被干扰方（通常指承包人）根据合同规定提出索赔要求。这种形式的索赔是比较常见的，而且按索赔的合同根据可以将工程索赔分为合同中明示的索赔和合同中默示的索赔。

①合同中明示的索赔：即指承包人所提出的索赔要求，在该工程项目的合同文件中有文字根据，承包人可以据此提出索赔要求，并取得经济补偿。这些在合同文件中有文字规定的合同条款，称为明示条款。

②合同中默示的索赔：即承包人的该项索赔要求，虽然在工程项目的合同条款中没有专门的文字叙述，但可以根据该合同的某些条款的含义，推论出承包人有索赔权。这种索赔要求，同样有法律效力，有权得到相应的经济补偿。这种有经济补偿含义的条款，在合同管理工作中被称为"默示条款"或称为"隐含条款"。默示条款是一个广泛的合同概念，它包含合同明示条款中没有写入、但符合双方签订合同时设想的愿望和当时环境条件的一切条款。这些默示

条款，或者从明示条款所表述的设想愿望中引申出来，或者从合同双方在法律上的合同关系引申出来，经合同双方协商一致，或被法律和法规所指明，都成为合同文件的有效条款，要求合同双方遵照执行。

（2）合同外索赔

合同外索赔是指工程过程中发生的干扰事件的性质已超过合同范围，在合同中找不到具体的根据，一般必须根据适用于合同关系的法律解决索赔问题。

（3）道义索赔

承包人没有合同理由，例如对于干扰事件发包人没有违约，发包人不应承担责任。但可能是承包人失误（如报价失误），或发生承包人应负责的风险而造成承包人重大的损失。这将极大影响承包人的财务能力、履约能力甚至危及承包人的生存。承包人提出要求，希望发包人从道义或从工程整体利益的角度给予一定的补偿。

2. 按索赔目的分类

（1）工期索赔

由于非承包人责任的原因而导致施工进程延误，要求批准顺延合同工期的索赔，称之为工期索赔。工期索赔形式上是对权利的要求，以避免在原定合同竣工日不能完工时，被发包人追究拖期违约责任。一旦获得批准合同工期顺延后，承包人不仅免除了承担拖期违约赔偿费的严重风险，而且可能提前工期得到奖励，最终仍反映在经济收益上。

（2）费用索赔

费用索赔的目的是要求经济补偿。当施工的客观条件改变导致承包人增加开支，要求对超出计划成本的附加开支给予补偿，以挽回不应由他承担的经济损失。费用索赔中还应包括利润索赔，以弥补承包人因非自身原因导致的应得利润的损失。

3. 按索赔的事件性质分类

（1）工程延误索赔

因发包人未按合同要求提供施工条件，如未及时交付设计图纸、施工现场、道路等，或因发包人指令工程暂停或不可抗力事件等原因造成工期拖延的，承包人对此提出索赔。这是工程中常见的一类索赔。

（2）变更索赔

由于发包人或监理人指令增加或减少工程量或附加工程、修改设计、变更工程顺序，造成工程延长和费用增加，承包人对此提出索赔。

（3）合同被迫中止索赔

由于发包人或承包人违约以及不可抗力事件等原因造成合同非正常中止，无责任的受害方因其蒙受经济损失而向对方提出索赔。

（4）工程加速索赔

由于发包人或监理人指令承包人加速施工速度，缩短工期，引起承包人的人、财、物的额外开支而提出的索赔。

（5）意外风险和不可预见因素索赔

在工程实施过程中，因人力不可抗拒的自然灾害、特殊风险以及一个有经验的承包人通常不能合理预见的不利施工条件或外界障碍，如地下水、地质断层、溶洞、地下障碍物等引起的索赔。

（6）其他索赔

如因货币贬值、汇率变化、物价上涨、政策法令变化等原因引起的索赔。

5.4.2　工程索赔的程序

1. 索赔的提出程序

《建设工程工程量清单计价规范》（GB 50500—2013）规定：根据合同约定，承包人认为非承包人原因发生的事件造成了承包人的损失，应按以下程序向发包人提出索赔：①承包人应在知道或应当知道索赔事件发生后 28 天内，向发包人提交索赔意向通知书，说明发生索赔事件的事由。承包人逾期未发出索赔意向通知书的，丧失索赔的权利；②承包人应在发出索赔意向通知书后 28 天内，向发包人正式提交索赔通知书。索赔通知书应详细说明索赔理由和要求，并附必要的记录和证明材料；③索赔事件具有连续影响的，承包人应继续提交延续索赔通知，说明连续影响的实际情况和记录；④在索赔事件影响结束后的 28 天内，承包人应向发包人提交最终索赔通知书，说明最终索赔要求，并附必要的记录和证明材料。

在合同约定时遵循《建设工程工程量清单计价规范》（GB 50500—2013）对承包人提出索赔程序的规定，如图 5-11 所示。

2. 索赔的处理程序

《建设工程工程量清单计价规范》（GB 50500—2013）中规定：承包人索赔应按下列程序处理：①发包人收到承包人的索赔通知书后，应及时查验承包人的记录和证明材料；②发包人应在收到索赔通知书或有关索赔的进一步证明材料后的 28 天内，将索赔处理结果答复承包人，如果发包人逾期未做出答复，视为承包人索赔要求已

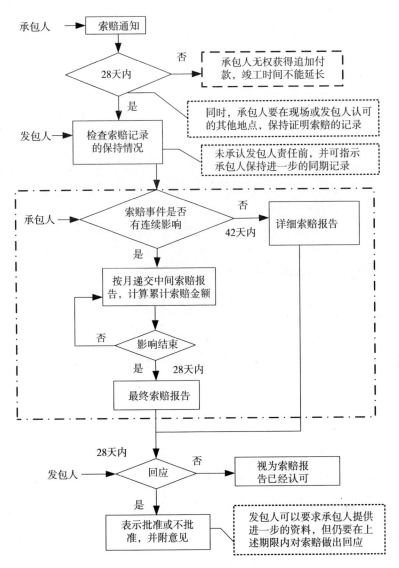

图 5-11　索赔的提出程序

被发包人认可；③承包人接受索赔处理结果的，索赔款项作为增加
合同价款，在当期进度款中进行支付；承包人不接受索赔处理结果
的，按合同约定的争议解决方式办理，如图 5-12 所示。

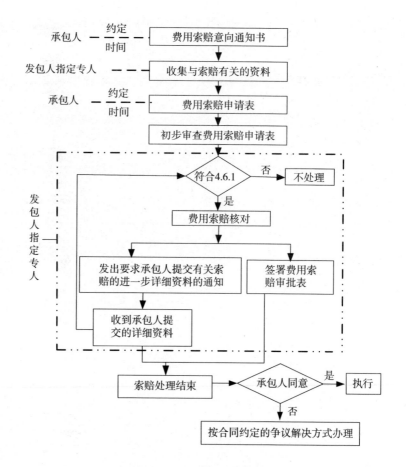

图 5-12　索赔的处理程序图

同时发包人认为由于承包人的原因造成发包人的损失,应参照承包人索赔程序进行索赔。

5.4.3　工程索赔的依据

1. 承包人索赔的依据

论证索赔是否成立,即检查索赔者是否具备合同依据,是否拥有索赔权,没有索赔权的任何形式和目的索赔要求,将一律被拒绝。

只有在确定拥有索赔权的前提之下，才能进一步确定索赔款额或批准工期延长的天数。

合同依据主要包括：本工程项目的合同文件，合同条件、施工技术规程、工程量清单及图纸中能找到索赔依据的索赔要求、现场签证单等都属于"合同索赔"，遵循国际工程索赔惯例。每一项工程的合同文件，适用于工程所在国的法律、法规的约束，按其法律法规进行解释，不符合法律的合同条款无效，也就无法拥有索赔权。

发承包双方应在合同中约定可以索赔的事项以及索赔的内容，《标准施工招标文件》（发改委令〔2007〕第 56 号）中约定了承包人可向发包人索赔的事项和可索赔的内容，如表 5-3 所示。

表 5-3 承包人向发包人索赔的条款

序号	合同条款号	条款主要内容	可索赔的内容
1	1.10.1	发包人的原因导致的工期延误	C＋P＋T
2	4.11.2	发包人提供的材料和工程设备不符合合同要求	C＋P＋T
3	5.2.4	发包人提供基准资料错误导致承包人的返工或造成损失	C＋P＋T
4	5.2.6	发包人原因引起的暂停	C＋P＋T
5	8.3	发包人原因造成暂停后无法按时复工	C＋P＋T
6	11.3	发包人原因造成工程质量达不到合同约定的验收标准	C＋P＋T
7	11.4	监理人对隐蔽工程重新检查，经检验证明工程质量符合合同要求的	C＋P＋T
8	11.6	发包人在全部工程竣工前，使用已接收的单位工程导致承包人费用增加	C＋P＋T

续表

序号	合同条款号	条款主要内容	可索赔的内容
9	12.2	发包人的原因导致试运行失败的	C+P
10	12.4.2	缺陷责任期内发包人原因导致工程缺陷和损失	C+P
11	13.1.3	过程中发现文物、古迹以及其他遗迹、化石、钱币或物品	C+T
12	13.5.3	承包人遇到不利物质条件	C+T
13	16.2	发包人要求向承包人提前交付材料和工程设备	C
14	18.4.2	法律变化引起的价款调整	C
15	18.6.2	发包人要求承包人提前竣工	C
16	19.2	异常恶劣的气候条件	T
17	22-3.1	不可抗力	T

注：其中 C 表示费用索赔，T 表示工期索赔，P 表示利润索赔。

根据表 5-3 可以发现不同原因引起索赔，索赔权分配是不一样的。按照索赔权的不同又可以将索赔归类：①发包人原因引起的可以索赔工期、费用、利润，除非发生这一事件不引起工期的顺延，那就没必要索赔工期；②发包人风险（不可抗力）引起的索赔事件，只可以索赔工期。③发包人责任（不利物质条件）引起的索赔，可以索赔工期和费用，不可以索赔利润；④缺陷责任期内发包人的责任导致的索赔只有费用、利润，在此期间不需要索赔工期；⑤政策引起的价格调整和发包人要求提前交付材料和设备的只能索赔费用。

　　而 FIDIC《施工合同条件》99 版的相关条款对于索赔权规定与《标准施工招标文件》（发改委［2007］第 56 号）对于索赔权的规定有所不同，经过归纳相关条款分析得到如表 5-4 所示的承包人向发包人的索赔权分配。

表 5-4　　　　　　　　　　承包商向发包人索赔的条款

序号	合同条款号	条款主要内容	可索赔的内容
1	1.9	延误发放图纸	C+P+T
2	2.1	延误移交施工现场	C+P+T
3	4.7	不可预见的外界条件	C+P+T
4	7.4	业主或其他承包商的干扰	C+P+T
5	10.3	对竣工检验的干扰	C+P+T
6	19.4	不可抗力事件造成的损害	C+P+T
7	8.4（a）	变更导致竣工时间的延长	C+P+T
8	c	一场不利的气候条件	T
9	d	由于传染病或其他政府行为导致工期的延误	T
10	e	业主或其他承包商的干扰	T
11	8.5	公共当局引起的延误	T
12	18.1	业主办理的保险未能从保险公司获得补偿部分	C
13	10.2	业主提前占用工程	C+P
14	13.7	后续法规引起的调整	C+P
15	4.24	非承包原因检查导致施工的延误	C+T
16	4.12	施工中遇到文物和古迹	C+T

　　注：其中 C 表示费用索赔，T 表示工期索赔，P 表示利润索赔。

2. 发包人的索赔依据

根据《标准施工招标文件》（发改委［2007］第56号）对发包人获得赔偿方式的规定：发包人要求赔偿时，可索赔的内容有：①延长质量缺陷修复期限；②要求承包人支付实际发生的额外费用；③要求承包人按合同的约定支付违约金。承包人应付给发包人的索赔金额可以拟在支付承包人的合同价款中扣除，或由承包人以及其他方式支付给发包人。

13版《清单计价规范》中规定了发包人具体可以索赔的费用构成如表5-5所示。

表5-5　　2013版《清单计价规范》下发包人可索赔的项目

序号	合同条款	条款主要内容
延长质量缺陷修复期限	延长质量缺陷修复期限	按承包人实际拖延的工期延长
额外费用	发包人实际支付的额外费用	因承包人原因导致的工期拖延，发包人的管理费用
		因承包人原因导致的合同终止，发包人的损失
		因承包人使用不合格材料、工程设备，发包人的材料、设备购置费
		因承包人原因导致的工程缺陷，发包人的损失
违约金	违约金	按照合同约定的金额或比例要求承包人支付违约金

5.4.4　工程索赔额确定

5.4.4.1　承包人索赔的确定

1. 工期索赔

（1）工程延误的相关规定

如果由于非承包人自身原因造成工程延期，在《建设工程工程量清单计价规范》（GB 50500—2013）和合同中都有规定承包人有权向发包人提出工期延长的索赔要求，这是施工合同赋予承包人要求延长工期的正当权利。若承包人的费用索赔与工期索赔要求相关联时，发包人在做出费用索赔的批准决定时，应结合工程延期，综合做出费用赔偿和工程延期的决定。

《建设工程工程量清单计价规范》（GB 50500—2013）中规定了延长工期为承包人索赔方式的其中之一，在 FIDIC《施工合同条件》99 版以及我国的《建设工程施工合同（示范文本）》（GF-1999-0201）中都对工期可以相应顺延进行了规定。此外，英国 JCT63 合同，JCT80 合同和 IFC 合同都有相应的规定。

（2）工期延误的分类

工期拖延按照风险来源划分，可分为发包人原因造成的工期延误、发包人风险造成的工期延误、自然风险造成的工期延误、第三方原因造成的工期延误、共同延误。

发包人原因造成的工期延误是指发包人未按照合同约定的时间和要求提供原材料、设备、场地、资金、技术资料等原因，造成工程工期的延误。主要包括发包人延误支付预付款、进度款等；发包人未能按照已批准的施工进度计划（也即合同进度计划）中的要求提供必要的施工条件；发包人未按约定提供甲供材等；监理人指示的错误或延期造成的工期延误；发包人风险造成的工期延误是指在合同中风险完全归发包人承担，但并非由发包人引起的工期延误，主要包括发现文物，不利物质条件；发包人指定分包工程引起的工期拖延；自然风险造成的工期延误是指由于异常恶劣气候条件或者不可预见、不可避免不可克服的自然灾害引起的工期延误。主要包括高温酷暑、暴雪冰冻、地震、海啸、瘟疫、水灾、骚乱、暴动、战争等造成的工期延误；第三方原因造成的工期延误是指非发包人或承包商原因而导致的工期延误。如由于传染病或政府行为导致人员或货物的可获得的不可预见的短缺、政府部门要求的停工等；共同延误是指在同一时间发生的或者在某种程度上相互作用的两个或两个以上的事件造成的延误。工程延误的分类如图 5-13 所示。

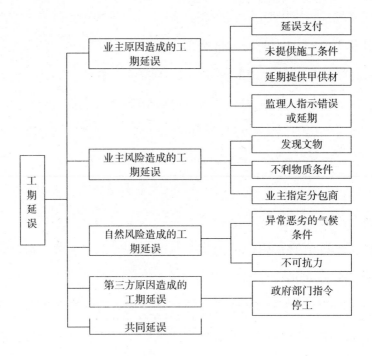

图 5-13　工期延误分类

（3）工期延误的归责

对于工期延误，共有三种处理途径：①可顺延工期且可费用补偿；②可顺延工期不可费用补偿；③不可顺延工期不可费用补偿。

对于发包人原因、发包人风险造成的工期延误，承包商可以获得工期补偿及费用补偿；对于自然风险和第三方原因造成的工期延误，承包商只能获得顺延工期的权利；对于承包商原因造成的工期延误，承包商无法获得工期顺延，也无法获得费用补偿；共同延误情况下，根据双方延误事件是否处于关键路径、是否可索赔费用，承包商的工期顺延及费用索赔都需根据具体情况而定。

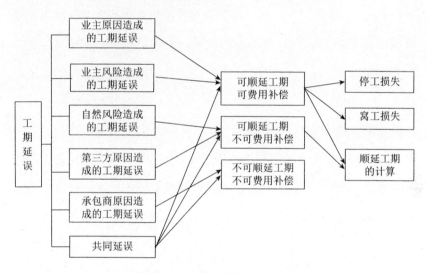

图 5-14　工期延误的归责分析图

对于共同延误所导致的工期延误的索赔争议较多，且没有成熟的解决办法和计算方法。常见的原则有"初始事件原则"、"责任分摊原则"。

①共同延误的归责——责任分摊原则

责任分摊原则是指共同延误时段内的事件应由发包人、承包商分别承担责任，按各干扰事件对干扰结果的贡献分摊责任，并由干扰事件的责任方承担。该处理原则符合《中华人民共和国合同法》

的规定：当事人双方都违反规定的，应各自承担相应的责任，体现了公平原则。

②交叉延误的归责分析——初次事件原则

在实际施工过程中，工期拖期很少是只由一方造成的，往往是两三种原因同时发生（或相互作用）而形成的，首先判断造成拖期的哪一种原因是最先发生的，即确定"初始延误"者，它应对工程拖期负责。

如果初始延误者是发包人，则在发包人造成的延误期内，承包商既可得到工期延长，又可得到经济补偿。如果初始延误者是客观原因，则在客观因素发生影响的时间段内，承包商可以得到工期延长，但很难得到费用补偿。

（4）工期索赔分析

工期索赔的分析流程包括延误原因分析、网络计划（CPM）分析、发包人责任分析和索赔结果分析等步骤。具体流程如图5-15所示。

①原因分析

分析引起工期延误是哪一方的原因，如果由于承包人自身原因造成的则不能索赔，反之则可以索赔。

②网络计划分析

运用网络（CPM）方法分析延误事件是否发生的在关键线路上，以决定是否可索赔工期。注意：关键线路并不是固定的，随着工程的进展，关键线路也在变化，而且是动态变化。关键线路的确定，必须是依据最新批准的工程进度计划。在索赔中，一般只限于考虑关键线路上的延误，或者一条非关键线路因延误已变成关键线路。

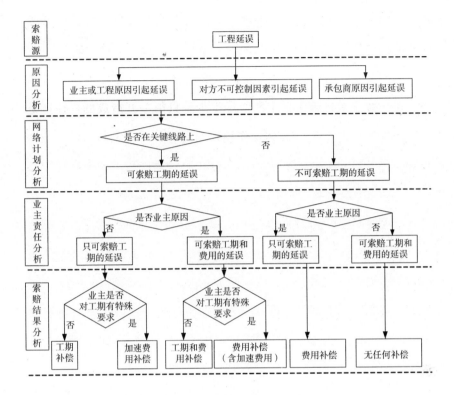

图 5-15 工期索赔分析流程图

③发包人责任分析

结合 CPM 分析结果，进行发包人责任分析，主要是为了确定延误是否能够索赔费用，若发生在关键线路上的延误是由于发包人原因造成的，则这种延误不仅可索赔工期，而且还可索赔因延误而发生的额外费用，否则只能索赔工期。若发包人原因造成的延误发生在非关键线路上，则只能索赔费用。

④索赔结果分析

在承包人索赔已经成立的情况下，根据发包人是否对工期有特殊要求，分析工期索赔的可能结果。如果由于某种特殊原因，工程竣工日期客观上不能改变，即对索赔工期的延误，发包人也可以不给予工期延长。这时，发包人的行为已实质上构成隐含指令加速施工。因而发包人应当支付承包人采取加速施工措施而额外增加的费用，即加速费用补偿。此处费用补偿是指因发包人原因引起的延误时间造成承包人负担了额外的费用而得到的合理补偿。

（5）工期索赔的计算方法

工期索赔的计算方法有网络图分析和比例分析法。

①网络图分析法

网络图分析法是利用进度计划的网络图，分析其关键线路。如果延误的工作为关键工作，则总延误的时间为批准顺延的工期；如果延误的工作为非关键工作，当该工作由于延误超过时差限制而成为关键工作时，可以批准延误时间与时差的差值；若该工作延误后仍为非关键工作，则不存在工期索赔问题。

在对缩短工期的索赔中，应索赔其对总工期的影响，不应依据该工作的工作时间的缩短值进行索赔。因为：①处于非关键路径上的工作存在总时差，该工作的工作时间缩短不会影响总工期的变化，只会造成该工作总时差变得更大，因此该工作的工作时间的变化不应得到索赔；②处于关键路径上的工作，该工作的工作时间缩短会影响总工期的变化，但可能会造成关键路径的改变，因此，工期的缩短值与该工作的工作时间缩短值不相同。基于以上的分析，可以得出以下两条结论：

a.处于非关键路径上的工作，该工作的工作时间的缩短值一律不应计算在索赔值内。

b.处于关键路径上的工作，除非该工作的工作时间的变化引起关键路径改变及总工期的变化，一般应就该工作的作业时间缩短值给予索赔。关键路径改变情况下计算索赔值的依据是：工期变化前后的差值。

②比例分析法

网络图分析法虽然最科学、最合理，但在实际工程中，干扰事件常常仅影响某些单项工程、单位工程或分部分项工程的工期，分析它们对总工期的影响，可以采用更为简单的比例分析法，即以某个技术经济指标作为比较基础，计算出工期索赔值。比例类推法可分为两种情况：

a. 工程量进行比例类推

工期索赔值＝原合同工期×新增工程量/合同工程量

b. 按等价进行比例类推

工期索赔值＝原合同工期新增工程量造价/原合同价

2. 费用索赔

（1）费用索赔的含义

费用索赔是指承包人在非自身因素影响下而遭受经济损失时向发包人提出补偿其额外费用损失的要求。因此费用索赔应是根据合同条款的有关规定，向发包人索取的合同价款以外的费用。索赔费用不应被视为承包人的以外收入，也不应被视为发包人的必要控制。实际上，索赔费用的存在是由于建立合同时还无法确定的某些应由发包人承担的风险因素导致的结果。承包人的投标报价中一般不考虑应由发包人承担的风险对报价的影响，因此一旦这类风险发生并影响承包人的工程成本时，承包人提出费用索赔是承包人索取补偿的权利表现。

2013版《建设工程工程量清单计价规范》宣贯培训丛书

（2）索赔费用的构成

索赔费用的主要组成部分同建设工程施工合同价的组成部分相似。由于我国关于施工合同价的构成规定与国际惯例不尽一致，所以在索赔费用的组成内容上也有差异。国际上的惯例是将建安工程合同价费为直接费、间接费、利润三部分。施工索赔时可索赔的组成部分与施工承包合同价所包含的组成部分一样，如图 5-16 所示。

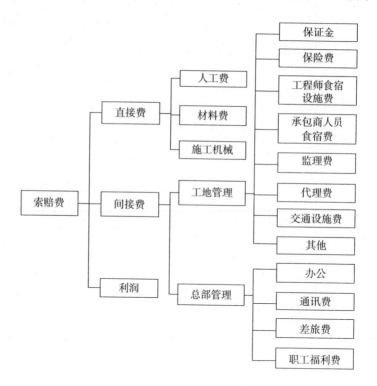

图 5-16　国际工程合同可索赔的费用构成

按照住房和城乡建设部办法的《建筑安装工程费用项目组成》（建标［2013］44 号），建筑安装工程造价构成一般包括直接费、间接费、利润和税金。索赔也沿用可建筑安装工程造价构成来确定索赔值，并且根据引起的原因不同，索赔费用构成也不尽一致，但是把所有的可索赔费用项目归纳起来包含有：直接费、间接费、利润、其他等四部分类容。其中直接费包括人工费、材料费、机械设备使用费、措施费；间接费包括企业管理费和规费；其他包括利息、分包商索赔、相应保函费、保险费、银行手续费及其他额外费用的增加等项索赔项目。

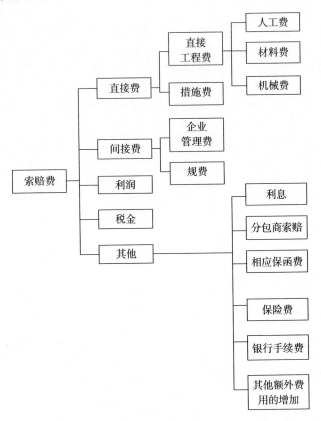

图 5-17　索赔费用的构成

（3）费用索赔的计算方法

费用索赔的计算方法有实际费用法、总费用法、修正费用法、合理价值法和审判裁定法，其中最常用的是实际费用法。

①实际费用法

实际费用法又叫分项法。该方法是按每个索赔事件所引起的损失的费用项目分别计算索赔值的一种方法。该方法是在明确责任的前提下，将需索赔的费用分项列出，并提供相应的工程记录、收据、发票等证据资料，这样可以在较短的时间内给以分析、核实，确定索赔费用，顺利解决索赔。在实际中，绝大多数工程的索赔都采用分项法计算。

分项法计算通常分三步：

a. 分析每个或每类索赔事件所影响的费用项目，不得有遗漏。这些费用项目通常应该与合同报价中的费用项目一致。

b. 计算每个费用项目受索赔事件影响后的数值，通过与合同价中的费用值进行比较即可得到该项费用的索赔值。

c. 将各费用项目的索赔值汇总，得到总费用的索赔值。实际费用法的索赔费用主要包括该项工程施工过程中所发生的额外人工费、材料费、机械使用费、管理费以及应得利润。

②总费用法

总费用法，又称总成本法，是指在索赔事件发生后，计算出该项索赔事件的实际总费用，再从这个实际总费用中减去投标报价时的估算费用，得出要求补偿的索赔款额，具体公式为：

工期索赔值＝原合同工期新增工程量造价/原合同价

总费用法有它的局限性，只有在一定的条件下被采用。在采用总费用法时，应注意以下几点：

a. 由于该项索赔在施工时，通常是多个索赔事件混杂在一起，导致难以准确地进行分项记录和收集资料、证据，不容易分项计算出具体的损失费用，只得采用总费用法进行索赔。

b. 承包人的投标报价是合理的，不能采用低价中标策略后的过低的投标价。

c. 承包人必须有足够的证据证明其全部费用的合理性。能够证明实际发生的总费用中不包含承包人原因（施工组织不善、材料浪费）增加的。

③修正总费用法

修正的总费用法在原则上同总费用法一样，只是对总费用法进行了相应的修改和调整，即在总费用计算的原则上，除掉一些不合理因素，使其更合理。修正的内容如下：

a. 将计算索赔的时段局限于受到外界影响的时间，而不是整个工期。

b. 只计算受影响时段内的某项工作所受影响的损失，而不是计算该时段内所有施工工作所受的损失。

c. 与该项工作无关的费用不列入总费用中。

d. 对投标报价费用进行核算，按受影响时段内该项工作的实际单价进行核算，乘以实际完成的该项工作的工程量，得出调整后的报价费用。

按修正后的总费用法支付索赔款的公式是：

$$索赔款额 = \begin{matrix} 某项工作调整后 \\ 的实际总费用 \end{matrix} - \begin{matrix} 该项工作调整 \\ 后的报价费用 \end{matrix}$$

④合理价值法

合理价值法是根据公正调整理论要求得到合理的经济补偿。根据公正调整理论，当施工合同条款没有明确的规定时，承包人有权根据自己已经完成的工程量取得合理的经济补偿。对于合同范围以外的额外工程，或施工条件完全变化了的施工项目，承包人有权取得经济补偿，得到合理的索赔款额。

⑤审判裁定法

审判裁定法是解决索赔争端、确定索赔款额的一条法律途径。它通过法庭审判，研究承包人的索赔资料和证据，并听取发包人一方的申辩，最后确定一个索赔款额，以法庭裁决的形式使承包人得到相应的经济补偿。美国索赔法庭采用审判裁定法确定索赔款额的条件。

⑥其他的索赔计价法，如总费用法、修正总费用法、实际费用法以及合理价值法等，均未能解决索赔争端，并且未能找到别的索赔计价法。

承包人要求索赔的证据充足，可以据此做出公正、合理的裁决。审判裁定法所依据的证据资料同其他的索赔计价法一样，都是根据承包人的实际开支证明来做裁决。唯一不同的地方，是前四种索赔计价是由合同双方协商一致而确定的，审判裁定法是靠法院审判裁定的。

5.4.4.2　发包人索赔的确定

1. 发包人索赔的内容

（1）承包商施工质量不满足合同要求

当承包商的施工质量不符合合同的要求，或使用的设备和材料不符合合同规定，或在缺陷通知期满以前未完成应该负责修补的工程时，发包人有权向承包商追究责任，要求补偿所遭受的经济损失。

如果承包商在规定的期限内未完成缺陷修补工作，发包人有权雇佣他人来完成该工作，发生的成本和利润由承包商负担。如果承包商自费修复，则发包人可索赔重新检验费。

（2）承包商不履行的保险费用

如果承包商未能按照合同条款指定的项目投保，并保证保险有效，发包人可以投保并保证保险有效，发包人所支付的必要的保险费可在应付给承包商的款项中扣回。

（3）承包商获得超额利润

如果工程量增加很多，使承包商预期的收入增大，因工程量增加承包商并不增加任何固定成本，合同价应由双方讨论调整，收回部分超额利润。

（4）承包商未对指定分包商付款

在承包商未能提供已向指定分包商付款的合理证明时，发包人可以直接按照工程师的证明书，将承包商未付给指定分包商的所有款项（扣除保留金）付给指定分包商，并从应付给承包商的任何款项中如数扣回。

（5）发包人合理终止合同或承包商不正当地放弃工程

如果发包人合理地终止承包商的承包，或承包商不正当地放弃工程，则发包人有权从承包商手中收回由新的承包商完成工程所需的工程款与原合同未付部分的差额。

2. 发包人索赔与承包商索赔的区别

（1）对索赔机会把握程度不同

根据工程施工合同对发包人和承包商的要求不同，发包人的主要责任是为使工程的正常实施而向承包商提供适当的建设条件，所以承包商比较容易准确把握施工索赔机会。承包商的责任是向发包人提供符合合同要求的工程建设成果及表征符合合同要求的建设成果的各项指标，因此发包人不容易把握向承包商索赔的机会，同时也给有效反击承包商的施工索赔带来一定的难度。

（2）索赔数量的确定难易程度不同

承包商向发包人提出索赔的目的是费用的增加或工期的延长，最终的目的为了经济利益。而在发包人和承包商保持合同关系期间，发包人的最终目标是要求承包商保质保量地完成建设项目，得到自己满意的工程成果，即按照合同要求正确履约，保证项目系统的整个寿命周期内的经济效益，所以当承包商违约时，发包人向承包商提出索赔的首要目的是获得满足合同标准的工程成果，其次才是费用和其他要求。

（3）索赔的目的不同

在合同执行出现异常情况时，承包商的损失较容易确定，其索赔量在很大程度上取决责任的分担。而合同执行出现异常情况对发包人影响深远，有的甚至影响建设项目的整个寿命周期，所以承包商的某种违约行为给发包人带来的伤害很难计量。

（4）索赔分析评价时考虑的时段不同

承包商对发包人的违约行为进行分析评价时一般只考虑到整个建设工程的竣工完成时，而发包人对承包商的违约行为进行分析评价时，一般会把违约给自己带来影响的时间拉得很长，即考虑到承包商违约行为对自己今后（系统运行后）收益情况的影响，有时甚至考虑对系统整个寿命周期运行效果的影响。

（5）索赔谈判中的地位不同

在索赔谈判中，发包人一般都处于优势地位，这是因为合同的不完全性使得发包人对承包商行为的评价具有很大的弹性，特别在现阶段，我国建筑工程交易中买方的主导地位更是提高了发包人的这种优势。

（6）索赔程序繁简程度不同

在施工合同条件中，对承包商和发包人的索赔都有规定。对承包商向发包人索赔需要在索赔事件发生的 28 天之内向工程师提交索赔意向通知，如果超出了这个时间，承包商则丧失了索赔权利。在合同中对发包人的要求却没有这样的提法，在红皮书中只是规定雇主要尽快发出索赔通知。在我国《建筑工程施工合同》中虽然规定了发包人应在 28 天内发出索赔通知，但程序也没有承包商的索赔程序复杂和严格。

发包人索赔的含义一般有两种理解：一是认为承包人向发包人提出补偿要求即为承包商索赔，而发包人向承包人提出补偿要求则认为是反索赔；二是认为索赔是双向的，发包人和承包人都可以向对方提出索赔要求，任何一方对对方提出的索赔要求的反驳、反击则认为是反索赔。

5.5　合同价款调整管理操作实务

5.5.1　风险分担分析

基于上述对 07 版《标准施工招标文件》通用合同条款中风险因素的分担方案，可以将风险因素划分为三类：

（1）完全由业主承担的风险因素，共计14项。

风险因素具体有：法律、法规变化；化石、文物；不利物质条件；异常恶劣的气候条件；发包人提供的材料和工程设备延误施工进度；基准资料错误；提供图纸延误；支付预付款、进度款延误；发包人原因引起的暂停施工造成工期延误；提供图纸存在明显错误或疏忽（错、漏、碰、缺）；发包人提供的专利技术侵权；发生变更范围内的事项；发包人原因导致试运行失败；工程师指示错误导致费用增加。

（2）完全由承包商承担的风险因素，共计15项。

风险因素具体有：现场水文地质、气象环境的准确性；承包人提供的材料和工程设备引起工程事故或进度延误；承包人材料和设备不合格；未按约定完成工作造成工期延误；承包商原因导致暂停施工；暂停施工后拖延或拒绝复工；材料、工程设备和工程的实验和检验不符合要求；承包商使用的专利技术侵权；承包人更换施工设备；道路和桥梁临时加固；承包人的工期延误；发包人要求提前竣工；承包人擅自变更；承包商原因导致试运行失败；承包人运输造成场地内外公共道路桥梁的责任。

（3）发承包双方共同承担的风险因素，共计4项。

风险因素具体有：战争、禁运、罢工、社会动乱；物价波动；洪水、地震、台风等；延迟履行期间的不可抗力。

基于上述风险分担方案，本文将风险因素划分为完全由业主承担的风险、完全由承包商承担的风险、发承包双方共同承担的风险三类。其中，完全由业主承担的风险发生后，承包商必须得到经济补偿，合同价款必然需要进行调整；完全由承包商承担的风险发生，合同价款不可以调整，承包商需要自身承担价款调整的风险；由发承包双方共同承担的风险，双方需要根据项目的具体情况进行分担，在约定的调整价格的范围和幅度内，不予以调整，但一旦超出合同约定的临界点，造成相关费用发生变化，合同价款必须予以调整。影响施工合同价款调整的风险因素选定程序如图 5-18 所示。因此，本文将第一类、第三类风险因素界定为影响施工合同价款调整的风险因素。

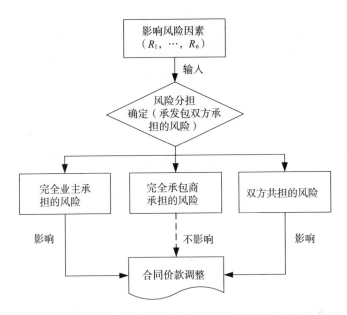

图 5-18　施工合同价款调整风险因素的选定途径

根据上述风险分担方案，本文选定影响施工合同价款调整的风险因素共计 18 项，具体包括：战争、禁运、罢工、社会动乱；物价波动；法律、法规变化；化石、文物；不利物质条件；异常恶劣的气候条件；洪水、地震、台风等；延迟履行期间的不可抗力；发包人提供的材料和工程设备延误施工进度；基准资料错误；提供图纸延误；支付预付款、进度款延误；发包人原因引起的暂停施工造成工期延误；提供图纸存在明显错误或疏忽（错、漏、碰、缺）；发包人提供的专利技术侵权；发生变更范围内的事项；发包人原因导致试运行失败；工程师指示错误导致费用增加。

5.5.2　风险因素分类

目前我国常用的合同范本及相关法律、法规均在合同价款调整方面做出相应规定。本文以 07 版《标准施工招标文件》、FIDIC《施工合同条件》99 版、《建设工程施工合同范本》99 版三类合同范本及 2008 版《建设工程工程量清单计价规范》、《建设工程价款结算暂行办法》和 13 版《新清单计价规范》为例，进一步对施工合同价款调整的风险因素分类进行探讨，如表 5-6 所示。

表 5-6　　合同范本及法规对合同价款调整因素的相关规定

序号	合同范本及法律法规	条款号	影响合同价款调整的因素	风险因素的交集
1	07 版《标准施工招标文件》	第 16 款	（1）物价波动；（2）法律变化	（1）物价波动；（2）法律变化
2	FIDIC《施工合同条件》99 版	第 13.7/13.8 款	（1）法规变化；（2）费用变化	
3	《建设工程施工合同范本》	第 23.3 款	（1）法律、行政法规和国家有关政策变化；（2）工程造价管理部门公布的价格调整；（3）一周内非承包人原因停水、停电、停气造成停工累计超过 8 小时；（4）双方约定的其他因素	

续表

序号	合同范本及法律法规	条款号	影响合同价款调整的因素	风险因素的交集
4	《建设工程价款结算暂行办法》	第八条	(1) 法律、行政法规和国家有关政策变化影响合同价款；(2) 工程造价管理机构的价款调整；(3) 经批准的设计变更；(4) 发包人更改经审定批准的施工组织设计（修正错误除外）造成费用增加；(5) 双方约定的其他因素	
5	2008 版《建设工程工程量清单计价规范》	第 4.7 款	(1) 基准日期之后的法律法规变化；(2) 图纸与工程量清单项目特征不符（含设计变更）；(3) 清单漏项或变更的新增项；(4) 清单漏项或变更引起措施项目改变；(5) 工程量增减；(6) 施工期间的价格波动；(7) 不可抗力事件	(1) 物价波动；(2) 法律变化；(3) 工程变更类风险
6	2013 版《建设工程工程量清单计价规范》	第 9.1 款	(1) 法律法规变化；(2) 工程变更；(3) 项目特征描述不符；(4) 工程量清单缺项；(5) 工程量偏差；(6) 物价变化；(7) 暂估价；(8) 计日工；(9) 现场签证；(10) 不可抗力；(11) 提前竣工；(12) 误期赔偿；(13) 索赔；(14) 暂列金额；(15) 约定的其他事项	

　　综上可以看出，虽然相关合同范本及法律、法规对于施工合同价款调整因素的规定不尽相同，尤其是就出台的 13 版《清单计价规范》包含索赔等共计 14 项列入合同价款调整的因素，更进一步拓宽

并细化了合同价款的调整范围。但总体来说，各类合同范本中合同价款调整因素集中体现在物价波动风险及法律法规风险，而相关法律规定则集中在物价波动、法律变化、工程变更类风险因素。

（1）法律变化类风险：根据《标准施工招标文件》第 16.2 款的相关规定，法律变化类风险包括税费调整、行政管理程序变更等情形；根据 08 版《建设工程工程量清单计价规范》第 4.7.1 款规定，国务院或国家发改委、财政部，省级人民政府或省级财政、物价主管部门在授权范围内，以政策性文件的方式制定或变更、调整行政事业性项目的相关规定等。

（2）物价波动类风险：包含因人工、材料、设备等价格波动的风险因素，其影响来源体现在货币、供求关系、生产成本等因素。

（3）变更类风险：根据《标准施工招标文件》第 15.1 款"变更的范围和内容"相关规定，变更类风险因素包括五个方面：1）取消合同中的任何一项工作；2）改变合同任何一项工作的质量或其他特性；3）改变合同工程的基线、标高、位置或尺寸；4）改变合同中任何一项工作的施工时间、施工工艺或顺序；5）为完成工程需要追加的额外工作。满足上述其中一个方面或多个方面，即为变更类风险。此外，08 版《建设工程工程量清单计价规范》将施工图纸与工程量清单项目描述不一致、分部分项工程量清单漏项导致新增加的工程量清单项目及措施项目均规定为变更类风险因素的范畴。

（4）索赔类风险：相关合同范本未对索赔事件的风险范围做出具体规定。

5.5.3 价款调整方式

影响合同价款调整的风险因素发生后，将导致施工合同价款状态发生变化，不同的状态变化造成不同的状态补偿方式，需要对合同价款予以调整，通常体现为变更、调价、索赔三类补偿方式，用以弥补与调整发承包双方之间权利与义务的分配关系，使合同价款状态重新调整到一种新的平衡状态。基于此，本文将以变更、调价、索赔三类补偿方式作为合同价款状态调整的手段。

1. 以变更为方式的合同价款调整

变更是建设项目施工合同执行过程中，当风险因素导致合同状态发生变化时，为保证工程顺利实施而采取的对原合同状态的修改与补充，并予以调整合同价款的一种措施与方式。变更的实质是合同标的物的变更，即业主与承包商之间权利与义务指向对象的变更。变更的范围通常以"一取消、三改变、一增加"概括，如前所述。

建设项目实施过程中，当施工合同价款状态发生改变时，变更作为对原合同价款状态的修改与补偿的方式，其对合同价款调整的影响重点体现对变更价款的确定，其中包括变更部分的分部分项工程费与措施项目费的确定，由于本文以工程量清单计价模式下单价合同为研究范围，故对于变更价款的确定也以单价合同为基础。

（1）分部分项工程变更价款的确定

工程量清单计价模式下，分部分项工程变更价款表现为变更工程量与变更综合单价的乘积。因此，该分部分项工程变更价款调整的关键是对变更工程量、变更综合单价的确定。

对于变更工程量的确定，2013版《建设工程工程量清单计价规范》第8.2.2款已对计量原则做出明确的规定，即"施工中进行工程计量，当发现招标工程量清单中出现缺项、工程量偏差，或因工程变更引起工程量增减时，应按承包人在履行合同义务中完成的工程量计算"。此外，《建设工程价款结算暂行办法》（财建〔2004〕369号）对工程量计算也做出规定：发包人应据实计算承包商已完的工程量，并以核实的工程量作为支付工程价款的依据。由此可见，分部分项工程的变更工程量以承包商在变更项目中实际完成的工程量据实调整，正确计量。

因此，对于分部分项工程变更价款确定的核心是变更综合单价的确定，即以变更为方式的合同价款调整的核心是对变更综合单价的调整。变更综合单价作为变更项目清单子目的综合单价，其组成与分部分项工程量清单综合单价的组成基本一致，只是不需考虑投标时承诺的一定的风险费，即表现为完成一个计量单位的变更项目所需的人工费、材料费、施工机械费、企业管理费和利润。对于变更综合单价（变更估价）原则的确定，目前国内外已形成较为成熟的理论体系与完善的处理程序，并将变更综合单价统一划分为三类情况：合同中已有适用的、合同中有类似的、合同中无适用或类似的。

基于此，本文以不同合同范本如07版《标准施工招标文件》（发改委56号令）、99版《建设工程施工合同》、FIDIC《施工合同条件》99版以及相关规范2013版《建设工程工程量清单计价规范》并结合《建设工程价款结算暂行办法》，对变更综合单价的确定原则进行对比分析，如表5-7所示。

表 5-7   现行合同范本及规范对变更定价原则的规定

合同范本及规范	《施工合同范本》99 版	FIDIC《施工合同条件》99 版	369 号文	56 号令	13 版《清单计价规范》
颁布年份	1999	1999	2004	2007	2013
条款号	31.1	12.3	10.2	15.4	9.3.1
变更估价原则 — 合同中已有适用	①合同中已有适用于变更工程的价格，按合同已有的价格变更合同价款	①除非合同中另有规定，工程师应通过对每一项工作的估价，根据第 3.5 款，商定或决定合同价格。每项工作的估价是用商定或决定的测量数据乘以此项工作的相应价格费率或价格得到的	①合同中已有适用于变更工程的价格，按合同已有的价格变更合同价款	①标价工程量清单中有适用于变更工作的子目的，采用该子目的单价	①合同中已有适用的综合单价，按合同中已有的综合单价确定
变更估价原则 — 合同中有类似	②合同中只有类似于变更工程的价格，可以参照类似价格变更合同价款	②对每一项工作，该项合适的费率或价格应该是合同中对此项工作规定的费率或价格，或者如果没有该项，则为对其类似工作所规定的费率或价格	②合同中只有类似于变更工程的价格，可以参照类似价格变更合同价款	②已标价工程量清单中无适用于变更工作的子目，但有类似子目的，可在合理范围内参照类似子目的单价，由监理人按第 3.5 款商定或确定变更工作的单价	②合同中有类似的综合单价，参照类似的综合单价确定
变更估价原则 — 合同中无适用或类似	③合同中没有适用或类似于变更工程的价格，由承包人提出适当的变更价格，经工程师确认后执行	③由于该项工作与合同中的任何工作没有类似的性质或不在类似的条件下进行，故没有一个规定的费率或价格适用，则新的费率或价格应是在考虑任何相关事件以后，从实施工作的合理费用加上合理利润中得到	③合同中没有适用或类似于变更工程的价格，由承包人或发包人提出适当的变更价格，经对方确认后执行。如双方不能达成一致的，双方可提请工程所在地工程造价管理机构进行咨询或按合同约定的争议或纠纷解决程序办理	③已标价工程量清单中无适用或类似子目的单价，可按照成本加利润的原则，由监理人按第 3.5 款商定或确定变更工作的单价	③合同中没有适用或类似的综合单价，由承包人提出综合单价，经发包人确认后执行

综合上述可以看出，现行合同范本及规范对分部分项工程变更项目综合单价的确定原则基本达成一致，除工程变更专用条款另有约定外，以变更为方式的合同价款调整基本均采用已公认的三条定价原则予以处理：即已有适用的综合单价，采用合同中已有的综合单价；有类似的综合单价，参照类似的综合单价确定；无使用或类似的综合单价按成本加利润原则确定。但工程实践中，由于合同条款中缺乏对"适用""类似""无适用或类似"适用范围的相关界定，导致业主与承包商在工程变更价款确定方面出现一定程度执行的困难。基于此，本文以三类变更定价原则为基础，通过对三类变更综合单价适用范围的界定，确定分部分项工程变更价款。

①原清单中存在"适用项目"变更价款的确定

通常，存在适用项目的条件需满足以下条件，即变更项目与原清单中已有项目的性质相同，体现为所采用的材质、施工工艺及方法、施工条件、图纸尺寸完全一致，且不因此而增加关键线路上工程的施工时间。此外，变更分部分项工程项目清单中的项目编码（名称）、项目特征、工程内容、计量单位与原清单存在的项目相同时，也被认可为适用项目。在这种情况下，变更综合单价可以直接套用原有该适用项目的综合单价，即调整部分的变更价款＝变更工程量×该使用项目的综合单价。

②原清单中存在"类似项目"变更价款的确定

对于"类似项目"范围的界定，众学者也给出一定程度的探究，如董雄勇、张守珍认为类似项目可以视为施工工艺与工序顺序相同且使用的材料类似。柯洪认为采用类似项目单价的前提是其采用的材料、施工工艺和方法基本类似，并不增加关键线路上工程的施工时间。基于此，本文将"类似项目"分为两种情况：a. 变更项目与合同中已有工程量清单项目的施工图纸发生改变，但施工方法、材质及施工环境不变，这种情况下，变更综合单价可以在原综合单价的基础上采用间接套用的比例分配法进行换算，具体的确定方式为：

变更综合单价＝可参照项目综合单价×调整系数

调整系数为：调整系数＝变更项目子目工程内容工程量/原工程量清单字母工作内容工程量。

b. 变更项目与合同中已有项目施工材质改变，但人工、材料、机械消耗量及施工方法、施工环境不变，在这种情况下，由于项目材质的改变，变更综合单价的调整主要表现为原有清单项目单价中材料的重新组价，即

$$\frac{变更项目}{综合单价}＝\frac{原报价}{综合单价}＋（变更后材料价格－合同中的材料价格）×$$

清单中材料消耗量

根据上述两类情况确定变更综合单价后，则调整部分的合同价款＝变更工程量×变更综合单价。

③原清单中"无适用或类似项目"变更价款的确定

对于"无适用或类似项目"的范围，通常集中在变更项目与已有项目的性质不同、原清单单价无法套用、施工条件与环境不同、变更工作增加了关键线路上的施工时间等。在这种情况下，由承包商根据变更工程资料、计量规则和计价办法、工程造价管理机构发布的信息价格，按成本加利润的原则，并考虑承包人报价浮动率确定变更工程项目的综合单价，经发包人确认后调整。对招标工程而言，承包人报价浮动率表现为：

报价浮动率 $L＝（1－中标价/招标控制价）×100\%$

因此，变更综合单价确定的过程如图 5-19 所示：

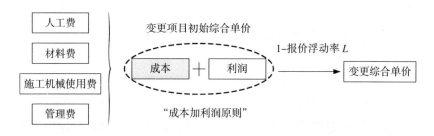

图 5-19　"无适用或类似项目"变更综合单价的确定

（2）措施项目变更价款的确定

当变更风险因素导致变更发生时，通常会造成施工组织设计或施工方案的变更，从而引起措施项目发生变化，此时，承包商有权利对措施项目提出调整价款的要求。因此，施工合同价款调整的一个重要方面则体现在对措施项目变更价款的确定。

对于措施项目变更价款确定的原则，2013 版《建设工程工程量清单计价规范》做出相关规定，具体表现为预案措施费已有的措施项目，按原措施费的组价方法调整；原措施费没有的措施项目，由承包人提出，经发包人确认后调整。但此规定对措施项目变更价款确定的计算方法仍未予以明确的规定。基于此，本文将措施项目分为以单价计算的措施项目和以总价（或系数）计算的措施项目，并分别对两类措施项目费确定的方法进行研究。

①采用单价计算的措施项目费的确定

通常，采用单价计算的措施项目费主要包括脚手架费、混凝土或混凝土模板及支架（撑）费等。此类措施项目采取综合单价的形式，因此可以参考分部分项清单的方式进行精确的计量与计价。因此，该类措施项目变更价款确定的方法与分部分项工程变更价款确定的方法类似，均按照实际发生变化的措施项目并根据上述"三类变更定价原则"，计算措施项目的变更价款。

②采用总价（或系数）计算的措施项目费的确定

通常，以总价计算的措施项目主要包括安全文明施工费、夜间施工费、二次搬运费、地上（地下）设施及建筑物的临时保护设施费、已完工程及设备保护费等。此类措施项目变更价款应按照实际发生变化的措施项目进行调整，并需考虑承包人报价浮动率的因素，具体体现在实际措施项目调整的金额乘以承包人报价浮动率，即

$$\text{调整后的措施项目费} = \text{工程量清单中填报的措施项目费} \pm \text{变更部分的措施项目费} \times \text{承包人报价浮动率}$$

其中，报价浮动率 $L = (1 - \text{中标价／招标控制价}) \times 100\%$。在以总价（或系数）为单位计算的措施项目费中，对于安全文明施工费的确定，2013 版《建设工程工程量清单计价规范》对其做出明确规定，即措施项目清单中的安全文明施工费不得作为发承包双方的竞争性费用，需按照国家或省级、行业建设主管部门的统一规定予以计价。因此，针对安全文明施工费的调整，需按照实际发生变化的措施项目予以调整。此外，由于变更的措施项目费是由承包人主动提出的，承包人需事先将拟实施的方案交给发包人确认，否则将视为放弃调整措施项目费的权利。

综合上述可以看出，以变更为方式的合同价款调整重点体现在对分部分项工程变更价款及措施项目变更价款的确定。其中，分部分项工程变更价款的确定主要依据"三类变更定价原则"，表现在对变更项目综合单价的调整；措施项目费的确定则分为以单价计算和

以总计算措施项目两种情况，以单价计算的措施项目费的调整表现在对综合单价的调整，而以总计算的措施项目费的调整则体现在以总价的基础上乘以调整系数（承包人报价浮动率），其中的安全施工费用调整以实际变化的措施项目予以调整。因此，以变更为方式的合同价款调整过程如图 5-20 所示。

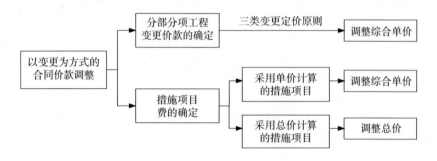

图 5-20　以变更为方式的合同价款调整过程图

2. 以调价为方式的合同价款调整

调价是建设项目在实施过程中，当难以预计的市场价格波动超出一定幅度、法律变化等风险因素导致合同价款状态发生变化时，为保证工程顺利实施而采取的一种对市场价格或费率调整的手段，其目的在于降低双方的风险损失，以平抑风险因素对合同价款状态改变带来的影响。调价工作的重点在于将风险控制在双方能够承受的范围之内，其主要表现在因法律法规变化、物价波动引起的合同价款调整。

（1）法律变化引起的合同价款调整

工程实践中，发承包双方作为国家法律、法规、规章及政策的执行者，在合同履行过程中，当国家的法律、法规及政策发生变化或相关行业建设主管部门发布工程造价调整文件时，应对合同价款做出调整。2013 版《建设工程工程量清单计价规范》、56 号令及 369 号文均对此做出相关规定，如表 5-8 所示。

表 5-8　　法规及合同范本中对法律法规变化引起合同价款调整的规定

名称	13 清单	56 号令	369 号文
条款号	9.2.1	16.2	第八条（三）
具体内容	招标工程以投标截止日前 28 天，非招标工程以合同签订前 28 天为基准日，其后国家的法律、法规、规章和政策发生变化影响工程造价的，应按省级或行业建设主管部门或其授权的工程造价管理机构发布的规定调整合同价款	在基准日后，因法律变化导致承包人在合同履行中所需要的工程费用发生除第 16.1 款约定以外的增减时，监理人应根据法律、国家或省、自治区、直辖市有关部门的规定，按第 3.5 款商定或确定需调整的合同价款	可调价格的因素包括： 1. 法律、行政法规和国家有关政策变化影响合同价款； 2. 工程造价管理机构的价格调整等

综合上述可以看出，建设项目在实施过程中，发包人应完全承担由于法律、法规、规章和政策变化等对合同价款调整的风险。通常，国家法律、法规的变化往往会以政策性文件的方式调整相关的费率、税率及汇率等，从而影响合同价款，造成合同价款的变化。

①规费费率变化的合同价款调整

根据《建筑安装工程费用项目组成》（建标［2003］206 号）的相关规定，规费是政府和有关权力部门规定必须缴纳的费用，其包括工程排污费、社会保障费、住房公积金及危险作业意外伤害保险四项内容。对于规费的计价原则，2013 版《建设工程工程量清单计价规范》第3.1.6款给出明确规定，即规费不得作为承包商之间的竞争性费用，其需按国家或省级、行业建设主管部门的相关规定予以计价。因此，规费的费率、计取标准是根据国家法律、法规所确定，根据国家主管部门颁布的法规，当新出台的法律、法规规定对其调整时，发承包双方需按照相关的调整方法对合同价款予以调整。

通常，国家法律、法规对规费的费率产生直接影响，但对其计算基数不会产生影响。而规费的取费基数共有三种计算方式，分别是以直接费、人工费和机械费合计、人工费为计算基数。因此，国家法律、法规的变化对规费的调整重点体现在对费率的调整，即调整后的规费＝计算基数×新规费费率，则合同价款的调整主要表现为规费的调整。

②税率变化的合同价款调整

按照国家税法的规定，建筑安装工程税金以营业税、城市维护建设税及教育费附加税三种形式计入建筑安装工程费用。各种税金的税率均按照国家颁布的法规文件计取，按照税金的计价原则，其属于不可竞争费用，不是发承包人自主确定的。因此，当国家新出台的法规对其调整时，发承包双方需对合同价款予以调整。

当国家新法律、法规的出台导致税率发生变化，但对其计算基数不产生影响时，其对税金的调整重点体现在对税率的调整，而合同价款的调整则主要表现为税金的调整，即调整后的税金＝（直接费＋间接费＋利润）×新税率。

③汇率变化的合同价款调整

汇率的变化引起的合同价款调整多针对于国际工程项目，当汇率发生变化或所在国国家的政策改变（优惠政策的取消等）时，必然对发承包双方签订的初始合同状态产生影响，需对合同价款进行调整。

当国家法律法规及政策的出台导致汇率发生变化，但其计价基数一般不会产生影响，因此，其对汇费调整的重点体现在对费率的调整，即表现为原计价基数×新费率。

综上可见，当国家新出台的法律、法规的变化对施工合同价款造成影响时，通常体现在对费率及税率的调整中，即合同价款的调整表现为在原计价基数的基础上乘以新的费率或税率，以调整合同价款。

（2）物价波动引起的合同价款调整

工程实践中，由于项目实施的复杂性及长期性，在建设过程中各种资源的价格水平会呈现动态性变化，导致工程项目价格与之前投标报价确定的价格产生"时滞现象"，尤其体现在建筑材料价格大幅度上涨且超出约定范围时，从而导致发承包双方原有的合同约定无法适应实际工程项目现状的需要。此时，一旦合同未约定调整幅度或约定不明确，承包商则以物价波动幅度超出自身承担范围为由，向业主提出价款调整的申请。业主若不予以调整，等效于将物价波动风险变相地转嫁给承包商，表面上降低了业主的风险承担范围，但实际对工程而言却有消极、负面的影响，承包商因无法保证正常施工原材料的采购，往往偷工减料、虚报工程量，需找一切可以利用的机会平抑自身的损失，从而导致工程质量低下，最终给业主带来损失。

在这种情况下，业主为减少物价波动风险带来的损失，可在合同价款中明确约定调价的材料范围、具体的物价波动范围幅度、调整方法等，使承包商承担约定范围内的风险，业主承担超出约定范围外的风险，即物价波动风险由业主与承包商共同承担。

①价款调整的材料范围确定

目前，材料费在建筑安装工程费用的组成结构中大约占有60%至65%的比重，且在实际市场环境的影响下逐渐呈上升势态发展。因此，建筑材料的价格对于合同价款的确定与调整产生很大的影响。但工程实际中，发承包双方不可能对每一种材料均予以调整，一般仅针对某几种用量较大、其价格波动对价款影响明显且占工程造价比重较高的建筑材料进行调整。因此，合同中对于合同价款调整的材料范围约定尤为重要。

关于价款调整的材料范围，部分省市进行了明确的规定，如天津市《建筑工程计价补充规定》（建筑〔2008〕881号）及北京市（京造定〔2008〕4号）文件将调整材料的风险范围具体规定为以钢材、木材、水泥、砂石、钢筋混凝土预制构件、沥青混凝土等对工程造价产生较大影响的主要材料以及人工和机械费用。

上海市颁布的工程价款调整相关文件（沪建市管〔2008〕12号）根据各类工程的需要，对主要材料进行约定，如房屋建筑工程中的钢材、水泥、商品混凝土等。

重庆市《关于调整部分主要建筑安装材料价格的通知》（渝建发〔2008〕1号）将调整的主要建筑安装材料约定为钢材、有色金属制品、水泥、预拌混凝土、砂石材料及补充协议约定的其他材料。其他各省市如浙江、广州、湖南、山东、云南等造价文件也对材料调整的范围做出相关规定。

此外，众多实践类学者如杨蕾按照材料的使用性质进行分类，他认为主要材料是直接构成工程实体的材料，并将其界定为那些占工程造价比重较高且消耗量较大的材料，如钢材、水泥、沥青、混凝土（预制品）等；鞠鲜艳等从材料费占有比例的角度，指出确定主材范围的其中一种方式即可根据工程项目投标文件中材料费占工程费用的百分比。齐崑峰等认为若合同未对主材范围做出明确约定，则主要包括钢材、木材、水泥、混凝土等或单种材料占单位工程分专业工程造价的比例在 1% 以上的材料。

综上可以看出，对于价款调整材料范围可以参照两种方法确定：第一种按材料费占单位工程费的比重确定，如以 2% 和 10% 作为非主要材料或主要材料的分界点，非主要材料特指材料费占单位工程费 2% 以下的各类建筑材料；主要材料则为占工程费 2% 以上的材料，其中，材料费占单位工程费在 2%～10% 之间的各类建筑材料可归为一类主材；材料费占单位工程费 10% 以上的各类建筑材料可归为二类主材，一类及二类主材可列入调整价款的材料范围。第二种是按专业工程确定，以工程量清单规定的六类工程为对象，确定材料范围，如建筑工程中主要材料可包括钢材、水泥、商品混凝土、木材、砂石等。

②物价波动幅度的确定

实践中，由于物价波动幅度超出发承包双方能够预测的风险范围和承受能力，从而引发大量合同价款纠纷事件产生的现象居多。在此背景下，为维护建设市场的秩序，各省市建设行政主管部门相继出台有关造价管理文件对该类问题进行规范，重点体现在对物价波动调整幅度的规定，具体如表 5-9 所示。

2013版《建设工程工程量清单计价规范》宣贯培训丛书

表 5-9　　各省市造价文件对主材价格调整幅度范围的规定

序号	省市	颁布年份	文件名称	具体规定
1	天津	2008	《建筑工程计价补充规定》（建筑〔2008〕881号）	变化幅度大于合同中约定的价格变化幅度时，应计算超过部分的价差，发包人承担此部分价差的风险
2	北京	2008	《关于加强建设工程施工合同中人工、材料等市场价格风险防范与控制的指导意见》（京造定〔2008〕4号）	可调范围主要包括占造价比重较高的材料等，如钢材、木材、钢筋混凝土等，建议风险幅度约定为3%～6%
3	上海	2008	《关于建设工程要素价格波动风险条款约定、工程合同价款调整等事宜的指导意见》（沪建市管〔2008〕12号）	可调范围：人工价格及钢材价格的变化幅度约定分别为±3%，±5%，其他材料价格幅度为±8%，超出部分外予以调整
4	江苏	2005	《关于工程量清单计价施工合同价款确定与调整的指导意见》（苏建价〔2005〕593号）	材料价格上涨的变化幅度为10%，材料下降的变化幅度为5%；承包商承担约定幅度以内的风险，发包人承担幅度以外的风险
5	浙江	2008	《关于加强建设工程人工、材料要素价格风险控制的指导意见》（浙建发〔2008〕163号）	人工费调整幅度：调整的上涨（下降）幅度以结算期人工市场信息价与编制投标文件时的人工市场信息价之比，通常为15%； 材料费调整幅度：以材料价格占总造价比例为标准，所占比例在1%以上且波动幅度在10%以上，可予以调整；所占比例在1%以下且波动幅度在20%以上，可予以调整

序号	省市	颁布年份	文件名称	具体规定
6	广东	2007	《关于建设工程工料机价格涨落调整与确定工程造价的意见》（粤建价函〔2007〕402号）	可调幅度以人工、施工机械及材料价格上涨或下降超过合同工程基准期价格百分比为标准，通常约定为10%
7	湖南	2008	《关于工程主要材料价格调整的通知》（湘建价〔2008〕2号）	根据工程类别的不同，价格波动幅度调整范围不同：市政工程及土建单项主要材料市场价格涨降幅度在3%以外，而安装工程及装饰主要材料市场价格涨降幅度则为5%以外
8	湖北	2008	《关于调整部分主要建设工程材料价格的指导意见》（鄂建文〔2008〕190号）	材料价格调整幅度约定为10%，承包商承担10%以内的材料风险，业主相应承担10%以外的材料风险，发承包双方以合理风险分担为前提，采取协商方式调整
9	山东	2008	《关于加强工程建设材料价格风险控制的意见》（鲁建标字〔2008〕27号）	主材价格波动幅度约定±5%，承包商承担约定幅度以内的价差风险，发包人承担约定幅度以外的价差风险
10	黑龙江	2008	《关于发布2008年建筑安装等工程结算办法的通知》（黑建造价〔2008〕9号）	合同价款方式为固定价格的，调整部分包括人工、材料价格上涨（下降）超过合同基准期价格10%的超出部分
11	吉林	2008	《关于发布建设工程材料价格指导意见的通知》	主要材料以工程中标价为基数，价差在10%以内时不予以调整，在10%以上予以调整

续表

序号	省市	颁布年份	文件名称	具体规定
12	云南	2008	《关于进一步规范建设工程材料价格波动风险条款约定及工程合同价款调整等事宜的通知》（云建标［2008］201号）	包干范围以内的主要材料（含设备）单价上涨或下降的幅度为±10％，承包人承担±10％以内的价差风险；发包人承担±10％以外的价差风险
13	河北	2008	《河北省建设工程材料价格编制及动态管理办法》	以合同约定幅度为准，合同约定幅度以内部分的由承包人承担，合同约定外部分由发包人承担
14	成都	2008	《关于进一步规范成都市建设工程价格风险分摊的通知》（成建价［2008］2号）	可调主要材料的风险幅度值在0～5％以内取定。招标人可根据工程的实际情况增加可调材料的范围，并以5％为最高幅度值约定风险幅度
15	宁波	2008	《关于调整工程主要材料结算价格加强建设工程材料价格风险控制的指导意见》（甬发改投资［2008］399号）	主要材料上涨或下降幅度约定为10％，10％以内的价差风险由承包人承担；10％以外超出的价差由发包人承担或受益
16	长沙	2007	《关于调整部分主要材料预算价格、市场价格的通知》（长建价［2007］10号）	单项主要材料价格变化幅度约定为±8％，其中，超过约定幅度时，发承包双方可采取协商的方式确定单价
17	郑州	2000	《关于处理工程主要材料价格结算若干问题的意见》（郑建价办字［2000］08号）	凡确定采取固定价格结算方式的工程，建筑材料价格的调整（包括主材价和铺材价）一律不再调整

续表

序号	省市	颁布年份	文件名称	具体规定
18	苏州	2008	《关于试行〈政府公共工程合同价款调整统一范本〉的通知》（苏建价〔2008〕18号）	材料价格上涨或下降约定幅度为5％，承包商承担幅度以内的价差，发包人则承担超出约定幅度以外的价差
19	包头	2008	《关于调整定额人工费和材料价格有关事项的通知》	材料价格波动幅度约定为15％，材料价格波动幅度超过原报价格15％的部分，应予调差，发承包双方根据工程具体情况确定调差的主要材料品种

资料来源：根据各地方造价文件自行绘制。

综合上述20个省市造价文件对物价波动幅度的相关规定，可以看出，各省市根据实际情况的不同，对于物价波动的调整幅度也不尽相同，材料价格波动幅度主要集中在5％、10％，还有部分省市规定主要材料价格为8％或15％等，施工机械波动幅度主要集中在10％。结合工程实际，发承包双方可参考各省出台的造价文件确定物价波动的调整幅度范围，并引入风险分担原则对物价波动的幅度予以明确约定，进行合理的分担。通常，根据实际工程特点，人工费主要根据省级、行业建设行政主管部门或其授权的造价管理机构发布的人工成本信息确定，往往不会造成价格剧烈波动现象的出现，因此可约定为5％的可调整幅度；主要材料价格波动幅度约定为5％；机械施工使用费的波动幅度为10％，即承包商可承担5％以内的人工、材料价格风险及10％的施工机械使用费风险，超出范围以外的风险由业主承担。

③物价波动的合同价款调整方法

根据《标准施工招标文件》及08版《建设工程工程量清单计价规范》的相关规定，通常，因物价波动超出一定幅度而引起的合同价款调整方法主要有采用价格指数调整价格差额法、采用造价信息调整价格差额法两种。实践中，部分地区亦采取按实际价格调整的方法对钢材、木材、水泥等主要材料的价格进行调整，这种方法又称为"票据法"。这种方法主要表现为承包人凭借发票按实际费用调整材料价格，不利于业主控制价款。基于此，本文重点探究价格指数法和造价信息调整价格法。

a. 采用价格指数调整价格差额。此方法主要在公路、水坝等工程中得以应用，其针对的对象主要是使用材料种类较少但每种材料消耗量较大的工程。合同价款的调整主要根据下列公式予以计算：

$$\Delta P = P_0 \left[A + \left(B_1 \times \frac{F_{t1}}{F_{01}} + B_2 \times \frac{F_{t2}}{F_{02}} + B_3 \times \frac{F_{t3}}{F_{03}} + \cdots + B_n \times \frac{F_{tn}}{F_{0n}} - 1 \right) \right]$$

其中，ΔP 表示需要调整的合同价款；P_0 表示应得到的已完工程量金额；A 表示定值权重；B_i 表示各项费用如人、材、机等在合同价款中所占的比例；F_{ti} 表示基准日期前各项费用的基础价格指数；F_{0i} 表示基准日期的各项费用的价格指数。

上述价格指数调整法的核心在于发承包双方事先约定相关的定值权重，在实施过程中根据所需的人工、材料及施工机械估计的消耗量，以合理价款风险分担原则，得到施工合同价款调整的款额。

b. 采用造价信息调整价格差额。此方法主要在房屋建筑与装饰等工程得以广泛应用，其针对的对象主要为使用品种较多的材料且每种材料使用量较少的工程。根据《标准施工招标文件》第 16.1.2 款对人工、材料、机械的价格调整原则做出的明确规定，该方法中合同价款调整的重点在于对人工、材料、施工机械价格的调整，其主要依据国家或省、自治区、直辖市建设行政管理部门、行业建设管理部门或其授权的工程造价管理机构发布的人、材、机的成本信息，具体的调整过程如下：

人工费调整原则：当承包商人工费报价低于新发布的人工成本信息价格时：

人工单价价差＝新人工成本信息－旧人工成本信息

调整部分的合同价款＝$\sum$（人工单价价差×人工消耗量）

材料价格调整原则：

材料单价价差＝新的材料信息价格－原报价中相应价格

调整部分的工程价款＝$\sum$（材料单价价差×材料消耗量）

施工机械价格调整原则：

施工机械台班单价价差＝新的市场信息价格－原报价中的相应单价

调整部分的合同价款＝$\sum$（施工机械台班单价价差×施工机械台班消耗量）

由此可见，以造价信息调整价格法的核心在于根据新发布的成本信息，对人工、材料、施工机械的单价进行价差调整，并确定人工、材料、施工机械的消耗量，即形成调整部分的合同价款，其实质在于调整价差。

综上可以看出，由法律变化或物价波动类风险引起合同价款状态发生变化的，可采取以调价为方式的合同价款调整。其中，国家新出台的法律变化风险对合同价款造成影响时，合同价款的调整重点体现在对费率或税率的调整，即在原计价基数的基础上乘以调整后的费率；市场价格波动风险对合同价款造成影响时，合同价款的调整主要表现在对人工、材料、施工机械单价进行价差调整，并乘以相应的消耗量，最终形成调整部分的合同价款。因此，以调价为方式的合同价款调整过程如图5-21所示。

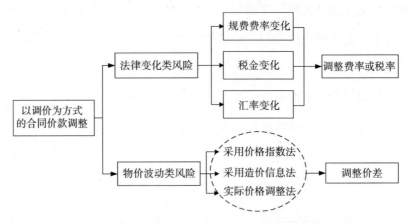

图5-21 以调价为方式的合同价款调整过程图

3. 以索赔为方式的合同价款调整

索赔是发承包双方在合同履约过程中，根据合同及相关法律规定，并非由于承包商的错误，且属于应由对方承担责任或风险情况所造成的实际损失，根据有关证据，按照一定程序向对方提出请求给予补偿的要求，进而达到调整合同价款的目的。索赔的实质是由于合同条件状态发生改变，使合同的一方遭受额外损失，予以经济补偿并对合同双方权利与义务做出调整，其目的在于调整合同价款并弥补不应承担的损失，重新建立新的合同价款平衡状态。因此，索赔是对合同价款状态改变造成损失的一种补偿，而不是一种惩罚，有观点认为其称为"索补"更为恰当。

承包商的索赔得以成立需要满足下列三个条件：一、根据合同的约定，索赔风险因素的发生导致承包商额外费用或工期的损失，这种损失是客观存在的；二、索赔风险事件的发生不属于承包商承担的风险责任；三、索赔意向通知书及报告需遵照合同约定的程序递交。

承包商可索赔的内容重点体现在费用的索赔及工期的索赔。因此，仅从合同价款的角度而言，以索赔为方式的合同价款调整的重点在于对索赔费用的确定，其具体表现为费用索赔的构成及费用索赔的计算，而业主处理费用索赔时，则需遵循赔偿实际损失原则、合同原则及符合工程惯例原则。

（1）费用索赔的构成及计算

一般地，承包商向业主索赔的索赔费用包括人工费、材料费、施工机械使用费、保函手续费、延迟付款利息、保险费及管理费等。从构成内容上说，与建筑安装工程费用的组成内容基本相同。各项费用的构成及内容如表 5-10 所示。

表 5-10　　　　　　　　各项费用索赔的构成及计算

序号	各项索赔费用	索赔费用的构成	各项索赔费用的计算
1	人工费	额外增加工作内容的人工费、超过法定工作时间的加班费、非承包商责任引起工程延误的停工损失费、非承包商责任的工作效率降低的损失费和法定人工增长费等	加班费＝消耗的人工工日×人工单价×加班系数
			额外工作所需人工费＝消耗的人工工日×合同中的人工单价
			劳动效率降低的费用索赔额＝（该项工作实际支出工时－该项工作计划工时）×人工单价
			停工（窝工）损失费＝窝工人工工日×窝工人工单价

续表

序号	各项索赔费用	索赔费用的构成	各项索赔费用的计算
2	材料费	增加额外工作、变更工作性质和施工方法增加额外使用量的材料费、客观原因及非承包商原因引起的材料价格上涨的费用等	额外材料使用费＝（实际用料量—计划用料量）×材料预算单价
			材料价格上涨费用＝（现行价格—基本价格）×材料使用量
			增加的材料运输、采购、保管费用＝实际费用—报价费用
3	施工机械使用费	完成额外工作增加或非施工单位责任工作效率降低增加的机械使用费、窝工费（由业主或监理工程师原因造成）	停工或窝工的机械闲置费＝机械台班折旧费（机械的日租赁费）×闲置天数
			完成额外工作增加的机械使用费＝机械台班单价×工作台班数
			机械作业效率降低费＝机械作业发生的实际费用—投标报价的计划费用
4	保函手续费	工程保函手续费会随着工程延误期限的增加而增加；相反，承包人的保函金额会因发承包双方取消部分工程且做出提前竣工的约定时予以减少，同时，相应的保函手续费也予以降低。	
5	利息	延期付款的利息；因工程变更或工程延误增加投资的利息；索赔款的利息；错误扣款的利息	可索赔的利息＝贷款额度×选用的利息率
6	保险费	保险费的索赔与保函手续费的索赔类似	

序号	各项索赔费用		索赔费用的构成	各项索赔费用的计算
7	管理费	现场管理费	承包商完成额外工程、可索赔事项工作及工程延误期间的工地管理费，包括临时设施、现场管理人员的工资、办公、通信费、交通费等费用	（1）按照合同规定或协商的施工管理费率和总部管理费率计算：施工现场管理费＝直接费索赔额×施工现场管理费率；总部管理费＝（直接费索赔额＋施工现场管理费索赔额）×总部管理费费率
		总部管理费	其服务对象为承包商的上级部门且不直接归属某个工程的管理费用。如公司总部职员工资、办公楼折旧费、通讯费、广告费等	（2）以工程延期的总天数为基础，计算企业管理费：施工现场管理费＝工期延期的天数×该工程的每日现场管理费总部管理费＝工程延期的天数×该工程的每日总部管理费
8	利润		因工程范围的变更和施工条件变化引起的索赔，可列入利润	索赔利润值的确定需对应原报价单中的利润百分率，其实质表现在以直接工程费为计算基数，并增加原报价单中的利润率

综上可见，针对不同的索赔风险因素，发承包双方可以视不同的索赔事件的性质、条件确定可索赔的具体各项费用，从而调整合同价款，实现合同价款状态的平衡。

（2）费用索赔的计算方法

通常，费用索赔的计算方法主要包括实际费用法、总费用法、修正费用法、合理价值法及审判裁定法。其中，实际费用法在工程实践中最具普适性与应用性。

①实际费用法

这种方法又称为分项法，其计算的基础主要是因索赔风险事件而造成损失的各项费用项目，通过对各项费用的计算并汇总得出索赔费用值。具体的计算程序主要分为三步：第一，分析各类索赔事件所影响的费用项目；第二，确定各类索赔费用项目造成的损失金额；最后，以列表的方式汇总各费用项目，加和得出总的索赔费用金额。

②总费用法

总费用法的核心思想是在发生了索赔风险事件之后，首先对该项索赔事件的实际总费用值予以确认与计算，在这个实际费用值的基础上扣减投标报价时的预算费用，两者的差额即为需要补偿的索赔费用。即索赔款额＝实际总费用－投标报价估算总费用。

③修正总费用法

修正总费用法的基本原理建立在总费用的基础之上，其与总费用法相比，增加了对其修改与纠正的过程。也就是说首先计算出总费用，再将某些不合理的情况去除，最终合理化处理费用值。修正总费用的计算方法如下：

$$索赔款额 = \frac{某项工程调整后}{的实际总费用} - \frac{该项工作调整}{后的报价费用}$$

此外，合理价值法是以索赔方式得到的经济补偿，主要以公正调整理论为基础，由于施工合同条款的不完备性，在未做出明确约定时，承包商具备对已完工程量获得经济补偿的权利。同时，若工程项目超出合同约定的范围时，承包商可向业主提请予以补偿费用，并得到合理的款额。另外，作为一种解决索赔争议的法律手段，审判裁定法以法庭裁决的方式予以经济补偿，以达到价款调整的目的。

2013版《建设工程工程量清单计价规范》宣贯培训丛书

由此可见，无论是采用何种方法，确定的索赔款额则构成合同价款的一部分，合同价款状态随之得以改变。

综合分析可以看出，施工合同价款的调整路径因补偿方式的不同而有所差异，总体可归为以下三类：第一，以变更为方式的合同价款调整主要是通过调整综合单价以实现合同价款状态的补偿；第二，以调价为方式的合同价款调整主要是通过调整价差以实现合同价款状态的补偿；第三，以索赔为方式的合同价款调整主要是通过索赔款额的确定实现合同价款状态的补偿。不同补偿方式下施工合同价款调整的路径如图 5-22 所示。

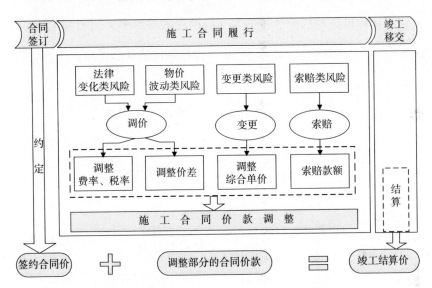

图 5-22　不同补偿方式下施工合同价款调整路径

参考文献

［1］尹贻林. 工程造价新技术［M］. 天津：天津大学出版社，2006.

［2］戚安邦. 工程项目全面造价管理［M］. 天津：南开大学出版社，2002.

［3］严玲，尹贻林. 工程造价导论［M］. 天津：天津大学出版社，2004.

［4］徐大图. 建设工程造价管理［M］. 天津：天津大学出版社，1989.

［5］董士波. 对全生命周期工程造价管理的思考［J］. 商业经济，2004（1）：120—121.

［6］柯洪. 工程造价计价与控制［M］. 北京：中国计划出版社，2008.

［7］郭凯寅. 工程价款管理体系研究［D］. 天津：天津理工大学，2011.

［8］赵进喜. 工程量清单计价模式下的索赔费用确定问题研究［D］. 天津：天津理工大学，2012.

［9］李建峰. 工程计价与造价管理［M］. 北京：中国电力出版社，2012.

［10］丰艳萍，邹坦. 工程造价管理［M］. 北京：机械工业出版社，2012.

［11］周和生，尹贻林. 工程造价咨询手册［M］. 天津：天津大学出版社，2012.

［12］尹贻林，孙昌增. 工程量清单计价模式下竣工结算审核的有关问题分析［J］. 哈尔滨商业大学学报（社会科学版），2010，01：53—57.

［13］郭凯寅. 工程价款管理体系研究［D］. 天津：天津理工大学，2011.

［14］严玲，尹贻林. 工程计价实务［M］. 北京：科学出版社，2010.

［15］张水波，何伯森. FIDIC新版合同条件导读与解析［M］. 北京：中国建筑工业出版社，2011.

［16］督忠红. 引入索赔机制合理调整工程价款［J］. 中国科技信息，2008（4）：138—139.

［17］张燕萍. 对施工索赔与工程价款的调整［J］. 山西建筑，2007，33（15）：266—267.

［18］王建忠. 建筑工程项目风险分析与防范［J］. 山西建筑，2011，37（7）：251—254.

［19］耿海. 工程项目风险管理策略探析［J］. 现代商贸工业，2008，20（3）：118—119.

［20］何旭东. 工程项目主体行为风险［J］. 技术经济与管理研究，2012，（2）：27—30.

［21］周庆文. 工程项目的风险管理研究［J］. 基建优化，2006，27（2）：84—87.

［22］朱宏亮，成虎. 工程合同管理［M］. 北京：中国建筑工业出版社，2006.

［23］李跃水，张建坤. 工程量清单计价下的合同选择分析［J］. 建筑经济，2008（01）：53—55.

［24］郝建新. 美国工程造价管理［M］. 南开大学出版社，2002.

［25］王振强. 英国工程造价管理［M］. 南开大学出版社，2002.

［26］王振强. 日本工程造价管理［M］. 南开大学出版社，2002.

［27］德国工程造价管理情况［J］. 电力技术，2008（03）：83—84.

［28］茅洪斌. 国外工程造价管理模式［J］. 中国招标，2008（11）：35—36.

［29］全国造价工程师执业资格考试培训教材编审组，工程造价计价与控制

[M]. 中国计划出版社，2009.

[30] 武振. 建筑产品价格形成方式研究 [D]. 天津：天津大学，2004.

[31] 郭庆. 建筑产品的价格形成分析 [J]. 陕西建筑，2008（09）：84—86.

[32] 何红锋，何伯洲. 我国建筑产品价格市场形成的障碍研究 [J]. 哈尔滨工业大学学报，2001，33（04）：450—453.

[33] 尹贻林，周金娥. 新清单计价规范招标控制价的有关问题分析 [J]. 建筑经济，2009（03）：98—101.

[34] 汲长全，刘佩美. 浅谈新清单计价规范招标控制价招标的先进性 [J]. 建筑市场与招标投标，2009（06）：18—19.

[35] 王秋芳. 对标底和招标控制价两种工程造价形式的对比分析 [J]. 建设监理，2010（11）：29—31.

[36] 李飞. 标底与招标控制价的谋定选择 [J]. 建筑经济，2011（09）：70—72.

[37] 郭辉，范琪芳. 如何编制工程量清单及招标控制价 [J]. 经济师，2012（04）：286—287.

[38] 周峰. 如何提高建设工程招标控制价的编制质量 [J]. 中国招标，2012（12）：33—35.

[39] 可淑玲，黄鹂. 招标控制价的编制 [J]. 安徽建筑，2011（01）：154—155.

[40] 周胜利. 谈施工招标中招标控制价的设立 [J]. 建筑经济，2010（05）：90—93.

[41] 肖艳，鹿丽宁，刘尔烈. 风险决策方法在工程投标报价中的应用 [J]. 数学的实践与认识，2005，35（02）：16—20.

[42] 郝丽萍，郑远挺，谭庆美. 建设工程投标报价的博弈模型研究 [J].

哈尔滨建筑大学学报，2002，35（02）：109—112.

[43] 王雪青. 国际工程投标报价决策系统研究［D］. 天津：天津大学，2003.

[44] 郝丽萍，谭庆美，戈勇. 基于博弈模型和模糊预测的投标报价策略研究［J］. 管理工程学报，2002（03）：94—96.

[45] 宋维佳，张巍. 基于先验信息的无标底投标报价策略研究［J］. 预测，2007（01）：33—37.

[46] 苏金霞，刘志杰，张峰. 随机模拟方法在投标报价决策中应用［J］. 建筑管理现代化，2008（01）：38—41.

[47] 张杰. 利润分析法在投标报价中关键问题的探讨［J］. 攀枝花学院学报，2003，20（01）：21—22.

[48] 陈俊，朱街禄. 基于遗传神经网络的报价决策模型研究［J］. 江西蓝天学院学报，2008（03）：24—27.

[49] 蔡洁芳. 不合理的中标价产生的原因及解决措施研究［J］. 建设经济，2007（07）：293—295.

[50] 刘艳香. 基于建筑工程招投标中不合理中标价成因分析与解决措施探讨［J］. 四川建材，2009，35（03）：306—308.

[51] 胡利群. 建设工程不合理中标价产生的原因和解决办法［J］. 中外建筑，2008（05）：146—148.

[52] 唐祚贤. 建设工程中标价与标底价差异原因分析及对策［J］. 科技创新导报，2010（04）：31.

[53] 杨斌. 论建设工程招投标——标底价与中标价的差异分析［J］. 江西建材，2009（04）：118—119.

[54] 曹介琦. 建筑工程"低价中标高价结算"现象的成因分析及对策［J］. 科技风，2010（03）：117，124.

［55］严晓芳. 浅析建设工程低价中标高价结算现象 ［J］. 沿海企业与科技，2010（07）：112—114.

［56］陈鸿. 浅析合理确定招标工程中的中标价合同价和结算价 ［J］. 中国科技信息，2005（22）：103.

［57］李娟，李洪涛. 工程造价屡超合同价的原因及对策分析 ［J］. 工程与建设，2012，26（02）：284—285.

［58］王友学. 关于项目工程结算价超合同价问题的浅议 ［J］. 甘肃科技，2008，24（08）：138—139.

［59］郑宇，张明焕. 建设工程合同价格条款设置 ［J］. 建筑技术，2005，36（12）：940—942.